南京水利科学研究院出版基金资助出版

水沙变化对长江中下游河道演变及岸坡稳定的影响及作用机制

SHUISHA BIANHUA DUI CHANGJIANG ZHONGXIAYOU HEDAO YANBIAN JI ANPO WENDING DE YINGXIANG JI ZUOYONG JIZHI

许 慧 闻云呈 尚倩倩 肖庆华 著

河海大学出版社
HOHAI UNIVERSITY PRESS
·南京·

内容简介

河流上修建水利枢纽后，下游河道出现的最为明显的现象即为冲刷。河床及河岸的冲刷影响河势稳定，同时河势调整也会引起主流摆动、顶冲点变化，出现险工易位，导致原有的护岸等工程失效。本书以长江中下游河道为研究对象，总结了三峡水库运用以来中下游河道的主要演变特征；分析了三峡水库蓄水前后水沙条件变化对中下游分汊段及弯道段的河床演变的影响；研究了下荆江典型弯道段水流动力特性、弯道冲淤与水沙和河道边界的关系；揭示了水沙变化对弯道冲淤的作用机制，水沙条件对河道冲淤、河势调整及岸坡稳定的作用机理。

本书可供水利、航运等部门的科研人员、设计和建筑从业人员阅读，也可供高校相关专业师生研究参考。

图书在版编目(CIP)数据

水沙变化对长江中下游河道演变及岸坡稳定的影响及作用机制 / 许慧等著. -- 南京 : 河海大学出版社，2021.12

ISBN 978-7-5630-7389-4

Ⅰ. ①水… Ⅱ. ①许… Ⅲ. ①含沙水流—影响—长江中下游—河道演变—研究②含沙水流—影响—长江中下游—边坡稳定—研究 Ⅳ. ①TV147

中国版本图书馆 CIP 数据核字(2021)第 276435 号

书　　名	**水沙变化对长江中下游河道演变及岸坡稳定的影响及作用机制**
书　　号	ISBN 978-7-5630-7389-4
责任编辑	杨　曦　沈　倩
特约编辑	王丹妮
特约校对	夏无双
封面设计	槿容轩
出版发行	河海大学出版社
地　　址	南京市西康路1号(邮编:210098)
网　　址	http://www.hhup.cm
电　　话	(025)83737852(总编室) (025)83722833(营销部)
经　　销	江苏省新华发行集团有限公司
排　　版	南京布克文化发展有限公司
印　　刷	苏州市古得堡数码印刷有限公司
开　　本	718毫米×1000毫米　1/16
印　　张	10.5
字　　数	203千字
版　　次	2021年12月第1版
印　　次	2021年12月第1次印刷
定　　价	89.00元

前言

PREFACE

在河流治理和利用的工程中，以水库等枢纽工程对河流的影响和干扰最大。水库的修建改变和影响下游河道演变的基本条件（来水过程、含沙量、泥沙级配等），河道将会发生普遍冲刷、河势调整以及再造床过程，这些问题受到了广泛的关注。三峡工程是我国水电建设中的标志性工程，2003 年三峡水库蓄水运用以来，在防洪、发电、航运、水资源利用等方面发挥了巨大的效益，但受“清水下泄”影响，长江中下游河段呈长河段、长期沿程冲刷等演变现象，河床及河岸的冲刷影响了堤防稳定性，河势的调整也会引起主流摆动、顶冲点变化，出现险工易位，导致原有的护岸等工程失效。为研究水沙变化对长江中下游河道演变及岸坡稳定的影响及作用机制，“十三五”国家重点研发计划开展了“长江河道演变的防洪效应与泥沙调控研究”课题，针对上述存在问题，从三峡水库蓄水前后中下游河床演变规律、水沙条件与河床冲淤及岸坡稳定等方面开展了研究，主要取得了如下几方面的成果：

（1）系统总结了三峡水库运用以来长江中下游河道主要演变特征，重点分析了三峡水库蓄水前后长江中下游典型分汊河段、典型弯道段的河床演变过程，剖析了水沙变化对河床演变的影响。

（2）研究了下荆江典型弯道段水流动力特性，河床冲淤与水沙和河道边界的关系，揭示了水沙变化对弯道冲淤的作用机制。

（3）开展了长江中下游崩岸调查，获取了水沙变化条件下岸坡失稳的宏观认识及一般规律。

（4）解析了水沙条件对河道冲淤、河势调整及岸坡稳定的作用机理，首次建立了典型河段水沙因子与岸坡稳定间的定量关系。

（5）总结了护岸工程设计经验，给出了护岸工程设计案例及效果分析，并对生态护坡提出展望。

本书是在项目研究成果的基础上总结提炼而成的，全书共分 8 章，各章主要编写人员如下：第 1、2 章由许慧、闻云呈执笔，第 3 章由尚倩倩、许慧、肖庆华、陆杨执笔，第 4 章由尚倩倩、许慧执笔，第 5 章由闻云呈、王晓俊、杜德军执笔，第 6 章由吴道文、张世钊、张帆一、许慧、尚倩倩执笔，第 7 章由肖庆华、许慧、尚倩倩执笔，第 8 章由许慧、闻云呈、尚倩倩、肖庆华执笔；全书由许慧、闻云呈审定统稿。

长江中下游的水沙变化及影响是一个逐步累积的长期过程，并具有偶然性和随机性。随着三峡及上游梯级水库群的运行，长江中下游河道演变及岸坡变化仍将继续，需要持续观测和研究，书中涉及的一些内容仍需要深入研究。书中存在的欠妥和不足之处敬请读者批评指正。

需要特别说明的是，本书涉及研究成果是在南京水利科学研究院、长江勘测规划设计研究院等多家单位的共同努力下完成的，本书的出版还得到了国家重点研发计划（2018YFB1600400、2016YFC0402306、2017YFC0405206、2016YFC0402307）、江苏水利科技项目（2020010）及南京水利科学研究院专著出版基金的资助，谨此表示感谢。

目录

CONTENTS

第一章

绪论

1.1 长江中下游河道概况

1.1.1 河型

长江干流河道全长 6 300 余 km，宜昌以上为上游，宜昌以下为中下游，宜昌至湖口为长江中游，全长 955 km，其中，从枝城至洞庭湖出口的城陵矶称为荆江河段，荆江又以藕池口为界分为上荆江和下荆江，湖口以下为长江下游，全长 938 km(图 1.1)。

长江中下游两岸有众多支流入汇。较大的支流有：枝江以上清江自右岸汇入；荆江右岸有松滋、太平、藕池、调弦四口分流入洞庭湖(其中调弦口已于 1959 年堵口建闸，遇大洪水时扒口分洪)，洞庭湖水系的湘、资、沅、澧四水，经洞庭湖调节后，于城陵矶汇入长江；中游城陵矶至湖口左岸有汉江入汇，鄱阳湖水系的赣、抚、信、饶、修五水经鄱阳湖调节后从右岸湖口汇入；下游左岸有皖河、巢湖水系和滁河汇入，右岸有青弋江、水阳江和太湖水系汇入。

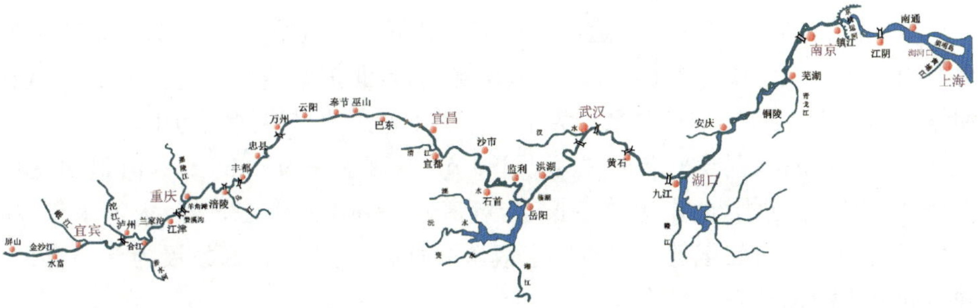

图 1.1 长江干流河道示意图

河型是冲积平原河床形态和河道演变规律的综合表征。从水流运动、河床形态和河道演变特点等方面分析，可将冲积平原河道划分为单槽型和多槽型两大类，单槽型河道根据河道曲直率可进一步分为弯曲型和蜿蜒型；多槽型河道根据主支汊稳定程度可进一步分为分汊型和游荡型河道。根据上述河型分类，结合长江中下游干流河道自然地理环境、河床形态和河道演变特性，可划分为五大段，即为宜昌至枝城段、枝城至城陵矶段、城陵矶至湖口段、湖口至徐六泾段、长江口段。各段河道基本特性分述如下。

1. 宜昌至枝城段

长江中游宜昌至枝城河段从长江三峡出口南津关至枝城，长约 60.8 km，属山区性河道向冲积平原河道过渡的弯曲型河道，右岸有清江入汇。南津关至云池段河道顺直，南津关下游有西坝、葛洲坝两处江心洲组成的汊道和胭脂坝汊道；葛洲坝水利枢纽位于南津关下游 2.3 km 处，在枢纽建设过程中已将葛洲坝挖除。云池至枝城段河道由宜都、白洋、枝城弯道组成。该段河床演变特点是：由于两岸边界条件制约，河道平面形态和洲滩格局长期以来保持基本不变，河床冲淤年内呈周期变化，年际间冲淤维持相对平衡；1981 年葛洲坝水利枢纽一期工程建成运用后，河段内即发生明显冲刷。

2. 枝城至城陵矶段

枝城至城陵矶段称为荆江，全长 347.2 km，左岸有沮漳河入汇，右岸有松滋河、太平口、藕池口和调弦口分流入洞庭湖，城陵矶附近洞庭湖出流汇入长江。

上荆江属弯曲型河道，长 171.7 km，由洋溪、江口、涴市、沙市、公安和郝穴弯道组成，各弯道多有江心洲。全河段河道平面形态较为平顺，曲折率为 1.72。弯道段平滩河宽为 1 700 m，平滩水深 11.3 m；顺直段平滩河宽为 1 320 m，平滩水深为 12.9 m。河道演变的特点是：弯道凹岸崩坍，凸岸边滩淤长，并可能被水流切割而成江心洲或江心滩；有江心洲的弯道内主支汊地位长期相对稳定，如关洲、董市洲、江口洲、火箭洲、马羊洲和突起洲等汊道，仅三八滩、金城洲和突起洲分汊段的主支汊发生兴衰交替现象。

下荆江属典型的蜿蜒型河道，全长 175.5 km。20 世纪 60 年代人工裁弯前河道长约 240 km，由 12 个弯道组成，河道蜿蜒曲折，曲折率达 2.83，除中洲子、监利和熊家洲弯道有江心洲外，其余均为单一弯道。弯道段平滩河宽为 1 300 m，平滩水深为 11.8 m；顺直段平滩河宽为 1 390 m，平滩水深为 9.86 m。河道演变特点是：弯道凹岸崩坍，凸岸边滩淤长，当弯道发展到一定形态，遇较大洪水年，易发生撇弯切滩或自然裁弯。河弯发生裁弯取直后，河道又重新发展为新的弯道，并引起其下游河势发生较大变化。

3. 城陵矶至徐六泾段

城陵矶至徐六泾段长 1 303.2 km，属分汊型河道，两岸有汉江、鄱阳湖水系、巢湖水系、太湖水系及其支流入汇。河道两岸地质条件具有明显的不均匀性，左岸多为广阔的冲积平原，右岸多为山丘阶地。两岸分布有对河势起控制作用的天然山矶节点88处，形成藕节状宽窄相间的分汊型河段。河段内共有汊道44段，其中，城陵矶至湖口20段，湖口至江阴21段，江阴至徐六泾3段。汊道段总长906.2 km，占河段全长的69.5%，其余为单一段。按汊道平面形态不同，可分为顺直型、微弯型和鹅头型三种汊道。最大河宽：顺直型汊道为2.8～8.0 km，微弯型汊道为2.6～9.4 km，弯曲型汊道为6.1～12.5 km。分汊型河段演变的主要特点如下：

(1) 主支汊兴衰交替表现为主支汊原位交替和摆动交替两种形式，前者主支汊地位互换，但其平面位置基本不变，多发生于顺直型和微弯型汊道；后者为支汊通过平面位移和断面冲刷扩大而取代主汊，仅发生于鹅头型汊道。

(2) 汊道段的主支汊兴衰交替周期较长，大多数汊道段的主支汊地位较长时期保持不变。

(3) 汊道主支汊兴衰可能引起其下游的单一段和汊道段河道变化。

4. 长江口段

长江口上起徐六泾，下至50号灯标，全长181.8 km，徐六泾处河宽为5.7 km，口门处自苏北咀至南汇嘴宽约90 km，平面呈喇叭形。崇明岛将长江口分为南、北两支，南支由长兴岛和横沙岛分为南港和北港，南港在横沙岛尾端由九段沙分为南、北两槽，形成长江口三级分汊，径流呈北支、北港、北槽和南槽四汊入海的格局。

长江口河道演变的主要规律是沙洲淤并、河宽缩窄、河口外伸。50多年来，受自然和人为因素的影响，长江口段的上端点由江阴下移至其下游80 km的徐六泾。

1.1.2 河床边界

长江中下游的河床边界条件取决于地质构造和新构造运动造成的流域内地貌基本轮廓，以及河段演变过程中泥沙冲淤变化。中下游河道基本上顺各构造单元的交界地带发育，河道水流的流向与两侧构造单元主构造基本一致。新构造运动导致中下游河谷地貌具有多级阶地、河谷形态两岸不对称性和沿程不均匀性三个特征。除此之外，河道边界条件还直接受人为因素的制约，例如沿岸修建的护岸工程，改变了原有河岸的抗冲性和稳定性，并对河道演变产生一定的影响。

1. 岸坡组成

长江中下游岸坡物质组成总体上可分为黏性土和沙性土组成的双层结构岸坡、单一黏性土岸坡、单一沙性土岸坡以及基岩质岸坡四类。

双层结构岸坡大多是由上层为黏性土、下层为沙性土组成的双层结构岸坡。

上层的黏性土多为粉质黏土、粉质壤土和黏土等，下层的沙性土多为粉细沙。长江中下游两岸大部分上层为黏性土层、下层为单一黏性土岸坡，主要由粉质黏土、粉质壤土和黏土组成。单一沙性土岸坡主要由粉细沙组成，多见于弯道凸岸边滩和江心洲。

基岩质岸坡由基岩组成，包括基岩山丘岸坡和基座阶地下部基岩岸坡两种，主要分布在长江中游，如宜昌河段的右岸五龙山和虎牙滩至枝城段、下荆江右岸的石首和塔市驿段、黄石至武穴段的两岸。长江下游基岩岸坡较少，且多位于右岸。长江中下游两岸对峙或一岸突出的基岩形成节点，对河势有一定的控制作用。

2. 床沙组成

长江中下游河道床沙组成沿程变化的总趋势为由粗变细。宜昌至枝城段主要由细沙和砾石、卵石组成，其次为中沙。上荆江床沙为细沙、中沙和砾石，下荆江床沙为细沙。床沙中值粒径：上荆江为 0.156～0.200 mm，下荆江为 0.144～0.190 mm。城陵矶至湖口段及长江下游河段，床沙基本上由细沙组成，其中值粒径分别为 0.133～0.205 mm 和 0.058～0.245 mm；在深泓处有中沙、粗沙和砾石。长江口段床沙为极细沙和粉土，中值粒径：南支为 0.071～0.138 mm，北支为 0.027～0.088 mm。

1.2 枢纽建设情况

长江上游水能资源丰富，是我国重要的水电能源基地，规划并修建了一批大型水利枢纽。根据《金沙江干流综合规划》，除宜宾至宜昌段已建有三峡和葛洲坝水利枢纽外，金沙江中游（石鼓至攀枝花）规划梯级为虎跳峡、两家人、梨园、阿海、金安桥、龙开口、鲁地拉和观音岩“一库八级”方案（图 1.2），金沙江下游（攀枝花至宜宾）规划乌东德、白鹤滩、溪洛渡、向家坝四个梯级，其中溪洛渡、向家坝、乌东德水利枢纽已建成，在建的有白鹤滩水利枢纽。

1. 金沙江中游梯级水库

金沙江中游（石鼓至攀枝花）规划的“一库八级”枢纽中，截至 2014 年，除了虎跳峡、两家人电站外，其他电站均已实现初期蓄水。已建水库防洪库容 17.78 亿 m^3，调节库容 18.01 亿 m^3。

2. 金沙江下游梯级水库

金沙江下游规划有乌东德、白鹤滩、溪洛渡、向家坝四个梯级枢纽，其中，向家坝、溪洛渡已分别于 2012 年、2013 年投入运行；乌东德水电站于 2020 年 6 月 29 日首批机组成功并网发电；白鹤滩水电站也于 2021 年首批机组发电，预计 2022 年工程完工。

乌东德水电站为金沙江下游第一梯级，初设蓄水位 975 m，总库容 76 亿 m^3，防

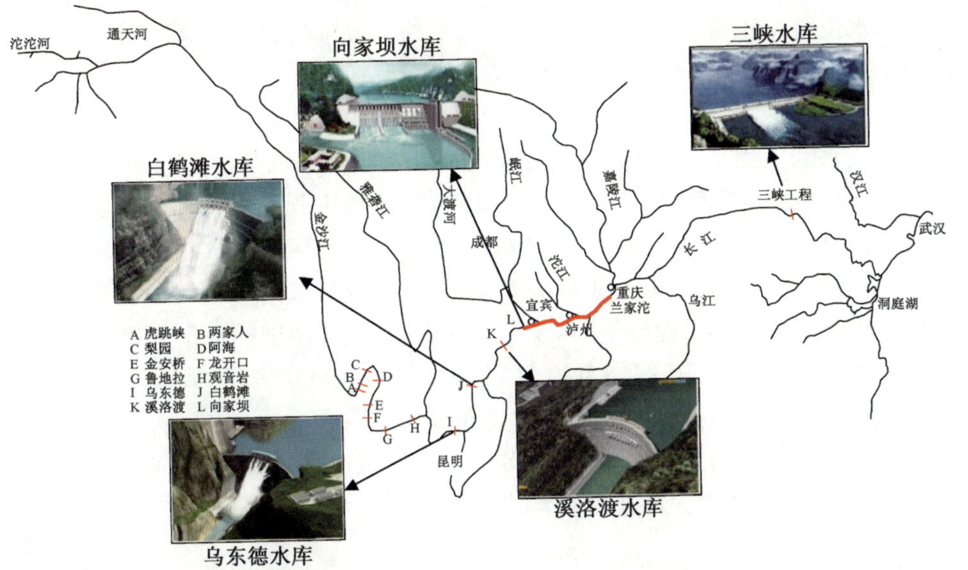

图 1.2　长江上游主要梯级水库位置示意图

洪库容 14.5 m^3，调节库容 26 亿 m^3。电站装机容量 1 020 万 kW，多年平均年发电量约 387 亿 kW·h。电站首批机组已于 2020 年 6 月投产发电，2021 年全部机组正式投产发电。

白鹤滩水电站以发电为主，兼有防洪、拦沙、改善下游航运条件和发展库区通航等综合效益。白鹤滩水库防洪库容 75 亿 m^3，调节库容 104 亿 m^3。电站建设计划 2020 年下闸蓄水，2021 年 7 月首批机组投产发电。拦河坝为混凝土双曲拱坝，高 289 m，坝顶高程 834 m，顶宽 13 m，最大底宽 72 m。

溪洛渡水电站是以发电为主，兼有拦沙、防洪的水电工程。2005 年底开工，2007 年实现截流，2013 年首批机组发电，2014 年 6 月全部投运。溪洛渡水库防洪库容 46.5 亿 m^3，调节库容 64.6 亿 m^3。水库正常蓄水位 600 m，汛期限制水位 560 m，死水位 540 m，根据水库特性，考虑发电、防洪、排沙等因素初步拟定水库运行方式为：汛期（6 月—9 月）按汛期限制水位 560 m 运行，9 月中旬开始蓄水，9 月底水库水位蓄至 600 m，12 月下旬至次年 5 月底为消落期，5 月底水库水位降至死水位 540 m。

向家坝水电站是金沙江最下游的一级电站，工程设计开发任务以发电为主，同时改善航运条件，兼顾防洪、灌溉，并具有对溪洛渡水电站进行反调节作用。工程于 2006 年正式开工建设，2012 年 10 月下闸初期蓄水，2014 年 7 月全面投产发电，水库正常蓄水位 380 m，相应库容 49.77 亿 m^3，死水位和汛期限制水位均为 370 m，调节库容 9.03 亿 m^3，具有季调节能力。向家坝水库运行方式为：

汛期6月中旬至9月上旬按汛期限制水位370 m运行，9月中旬开始蓄水，9月底水库水位蓄至正常蓄水位380 m，10—12月一般维持在正常蓄水位或附近运行，至6月上旬末水库水位降至370 m。

3. 三峡和葛洲坝水利枢纽

三峡水利工程是治理和开发长江的关键工程，位于宜昌上游约40 km，具有防洪、发电、航运、灌溉、供水等巨大综合效益，三峡工程的设计标准可防千年一遇洪水，校核标准是可防万年一遇洪水再加10%，总库容为393亿m^3，防洪库容为221.5亿m^3。水库正常蓄水位为175 m、防洪限制水位为145 m、枯季消落低水位为155 m。三峡工程已于2003年6月开始蓄水，经过了135～139 m、144～156 m调度运行阶段，于2008年9月底进入了175～145～155 m试验性蓄水阶段，并于2010年10月26日首次蓄水至175 m。

葛洲坝水利枢纽水库总库容15.8亿m^3，受航运限制，无调洪削峰作用。三峡工程建成后，主要对三峡工程因调洪下泄不均匀流量起反调节作用，反调节库容0.85亿m^3。

4. 长江上游主要支流有关枢纽

在长江上游主要支流上也已建设了诸多水电工程。

雅砻江干流共规划了22级水电站，目前已建电站为锦屏一级和二滩电站。锦屏一级水库防洪库容16亿m^3，调节库容49.1亿m^3；二滩水库防洪库容9亿m^3，调节库容33.7亿m^3。

岷江目前已建电站主要为紫坪铺和瀑布沟。紫坪铺水库防洪库容1.67亿m^3，调节库容7.74亿m^3；瀑布沟水库防洪库容7.27亿m^3，调节库容38.94亿m^3。

嘉陵江目前已建水库包括碧口、宝珠寺、亭子口、草街等。碧口水库防洪库容0.5亿m^3，调节库容1.46亿m^3；宝珠寺水库防洪库容2.8亿m^3，调节库容13.4亿m^3；亭子口水库防洪库容14.4亿m^3，调节库容17.32亿m^3。

乌江干流规划13座梯级水库。目前已建重要水库包括构皮滩、思林、沙沱、彭水等。

1.3 长江中下游水沙变化

受长江上游干支流水库群运行调度影响，长江中下游水文泥沙特性发生了较大变化。

1. 径流量

从三峡水库蓄水运用前后各站平均年径流量变化来看（表1.1和图1.3），蓄水运用后（2003—2018年），除监利站径流量增加3%外，其余各站的径流量均表现为不同程度的减少。

三峡水库蓄水运用前，宜昌、沙市、螺山、汉口、大通多年平均径流量分别为4 369亿 m³、3 942亿 m³、6 460亿 m³、7 111亿 m³、9 052亿 m³；三峡水库蓄水运用后，2003—2018年宜昌、沙市、螺山、汉口、大通多年平均径流量减少为4 092亿 m³、3 831亿 m³、6 062亿 m³、6 800亿 m³、8 597亿 m³，比蓄水前减小6%、3%、6%、4%和5%。

受水库运行调度的影响，径流量的年内分配也发生了一定的变化，蓄水前，宜昌、沙市、螺山、汉口、大通等站径流量均集中在5—10月，占全年的71%～79%；蓄水后，各站径流量仍集中在5—10月，但受水库调度影响，5—10月径流量占全年的68%～74%，较蓄水前有所减小；与之相对应，蓄水后，中下游各站的枯期径流量占全年的26%～32%，较蓄水前有所增加。

表1.1　长江中下游主要水文站径流量和输沙量

项目		宜昌	枝城	沙市	监利	螺山	汉口	大通
径流量（$\times 10^8$ m³）	多年平均(2002年前)	4 369	4 450	3 942	3 576	6 460	7 111	9 052
	2003—2018年平均	4 092	4 146	3 831	3 677	6 062	6 800	8 597
	变幅(%)	−6%	−7%	−3%	3%	−6%	−4%	−5%
输沙量（$\times 10^4$ t）	多年平均(2002年前)	49 200	50 000	43 400	35 800	40 900	39 800	42 700
	2003—2018年平均	3 583	4 340	5 381	6 930	8 660	9 966	13 363
	变幅(%)	−93%	−91%	−88%	−81%	−79%	−75%	−69%
含沙量（kg/m³）	多年平均(2002年前)	1.13	1.12	1.10	1.00	0.633	0.56	0.472
	2003—2018年平均	0.088	0.105	0.140	0.188	0.143	0.146	0.156
	变幅(%)	−92%	−91%	−87%	−81%	−77%	−74%	−67%

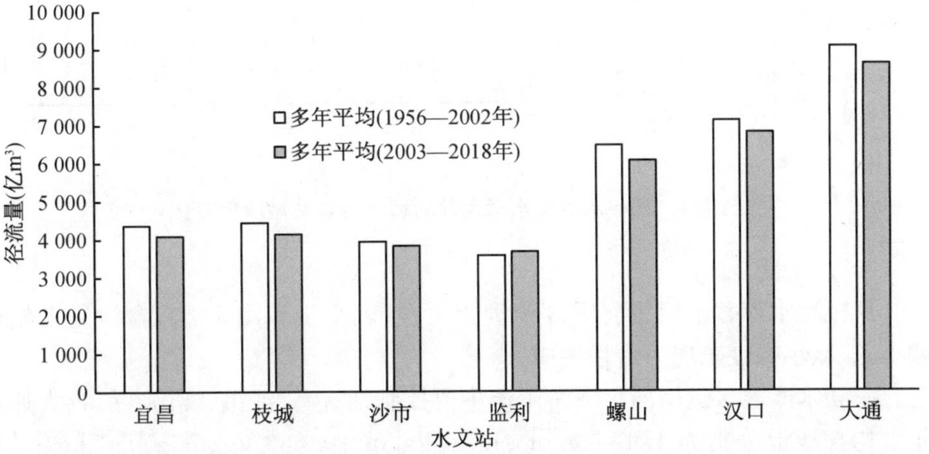

图1.3　三峡水库蓄水运用前后坝下游各站径流量变化

2. 输沙量

2003 年三峡工程蓄水运用后，上游大部分来沙被拦截在三峡水库内，坝下游输沙量大幅减小，从三峡水库蓄水运用前后平均年输沙量变化看，输沙量大幅度减小，且减小幅度表现为沿程递减，见表 1.1 和图 1.4。

三峡水库蓄水运用前，坝下游干流主要控制站宜昌、沙市、螺山、汉口、大通多年平均输沙量分别为 4.92 亿 t、4.34 亿 t、4.09 亿 t、3.98 亿 t 和 4.27 亿 t；三峡水库蓄水运用后，2003—2018 年宜昌、沙市、螺山、汉口、大通多年平均输沙量减少为 0.358 亿 t、0.538 亿 t、0.866 亿 t、0.997 亿 t 和 1.336 亿 t，分别减小了 93%、88%、79%、75%和 69%。

从年内分配看，三峡水库蓄水前后干流悬移质泥沙输移量均集中在 6—10 月。其中，蓄水前，各控制站 6—10 月的泥沙输移量占全年总量的 82%～92%；蓄水后，各控制站 6—10 月的泥沙输移量占全年总量的 69%～98%。从蓄水前后各月输沙量变化来看，宜昌站各月的输沙量减幅为 85%～99%，汉口站各月的输沙量减幅为 30%～80%，大通站除 1 月份输沙量偏多 7%外，其他各月输沙量减幅为 7%～76%。

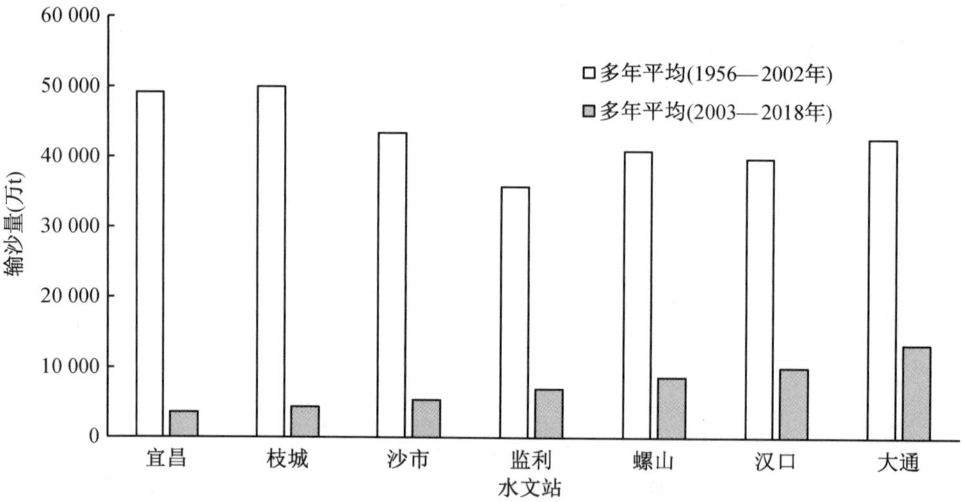

图 1.4 三峡水库蓄水运用前后坝下游各站输沙量变化

3. 含沙量

从三峡水库蓄水运用前后含沙量变化看(表 1.1 和图 1.5)，含沙量大幅度减小，且减小幅度表现为沿程递减。

三峡水库蓄水运用前坝下游干流主要控制站宜昌、沙市、螺山、汉口、大通多年平均含沙量分别为 1.13 kg/m³、1.10 kg/m³、0.633 kg/m³、0.56 kg/m³ 和 0.472 kg/m³，三峡水库蓄水运用后，2003—2017 年宜昌、沙市、螺山、汉口、大通多年平均含沙量减少为 0.088 kg/m³、0.140 kg/m³、0.143 kg/m³、0.146 kg/m³ 和 0.156 kg/m³，分别减小了 92%、87%、77%、74%和 67%。

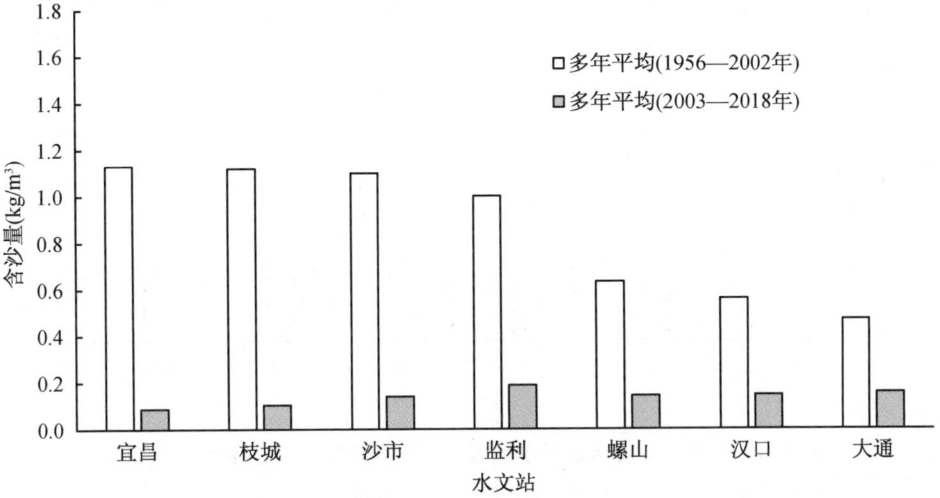

图 1.5　三峡水库蓄水运用前后坝下游各站含沙量变化

4. 悬移质泥沙颗粒级配

三峡工程蓄水前后，长江中下游干流宜昌、枝城、沙市、监利、螺山、汉口、大通水文站悬移质泥沙不同粒径级沙重百分数见图 1.6，由图可见，三峡工程蓄水后，坝下游河道河床发生冲刷，枝城至汉口站粒径大于 0.125 mm 的颗粒含量均有所增加，悬移质泥沙中值粒径均有所变粗，尤以监利站变粗最为明显，中值粒径由三峡水库蓄水前的 0.009 mm 变粗为蓄水后的 0.06 mm。从沿程变化来看，三峡工程蓄水后长江中下游上段悬移质泥沙粒径沿程变粗，下段沿程变细，中值粒径由宜昌站的 0.006 mm 变粗为监利站的 0.06 mm，再变细为大通站的 0.009 mm。

5. 荆江三口分流分沙变化

三峡工程蓄水运用前，受葛洲坝水利枢纽导致的荆江河床冲刷下切、同流量下水位下降，三口分流道(图 1.7)河床淤积，以及三口口门段河势调整等因素影响，荆江三口分流分沙能力一直处于衰减之中，见图 1.8 和图 1.9。与 1999—2002 年相比，2003—2017 年，荆江三口的年均分流量减少近 145.4 亿 m³，减幅为 23%；枝城站 2003—2017 年年均输沙量较 1999—2002 年减小了 87%，三口年分沙量则由 5 670 万 t 减少为 867 万 t，减幅为 85%。

6. 床沙粒径

三峡工程运用后，在“清水”冲刷下，河床由上而下逐渐发生粗化，分析三峡工程蓄水前后长江中下游河道主要水文站河床床沙颗粒级配变化(见图 1.10 和

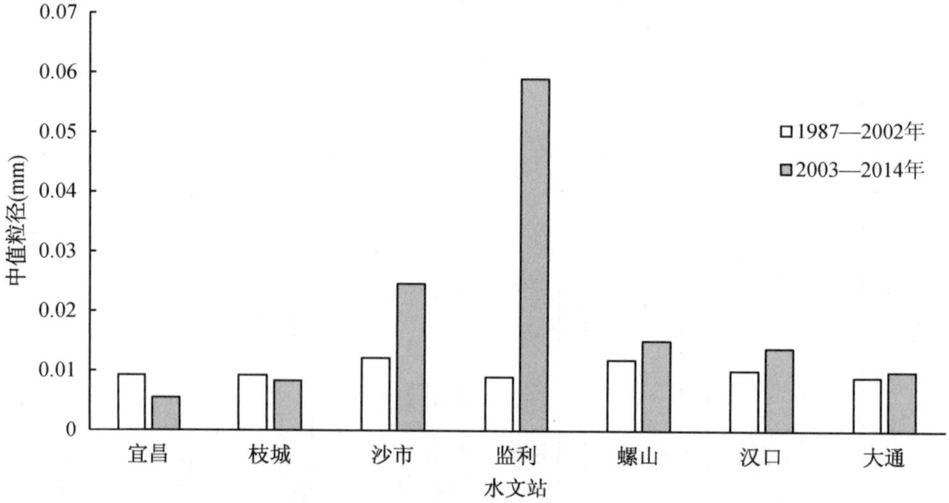

图 1.6　三峡水库蓄水运用前后坝下游各站悬移质泥沙中值粒径变化

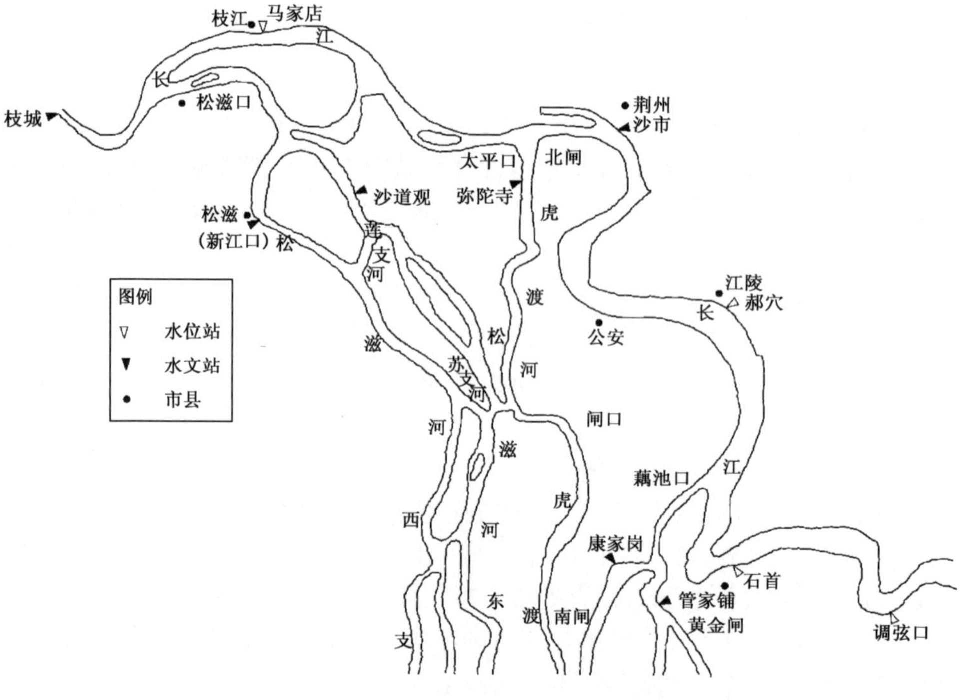

图 1.7　荆江三口河段示意图

图 1.11)可知：

由于宜昌站离大坝较近，在三峡工程运用前宜昌附近河段的床沙粒径较小，

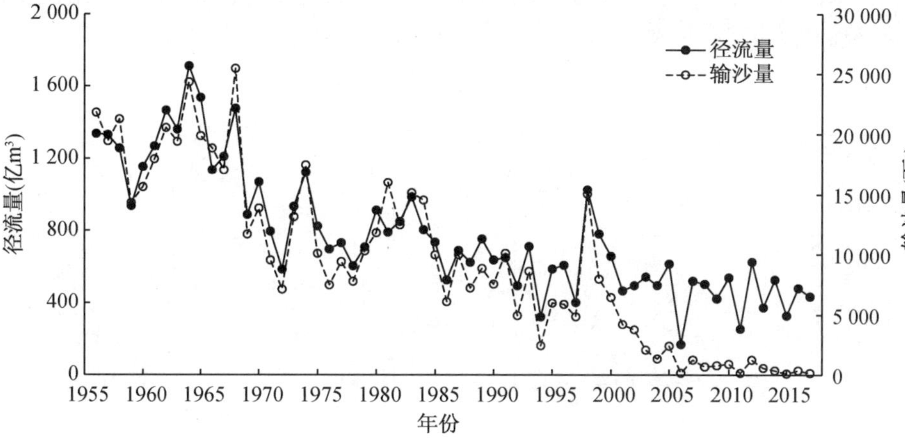

图 1.8　1956—2017 年荆江三口分流分沙量变化过程

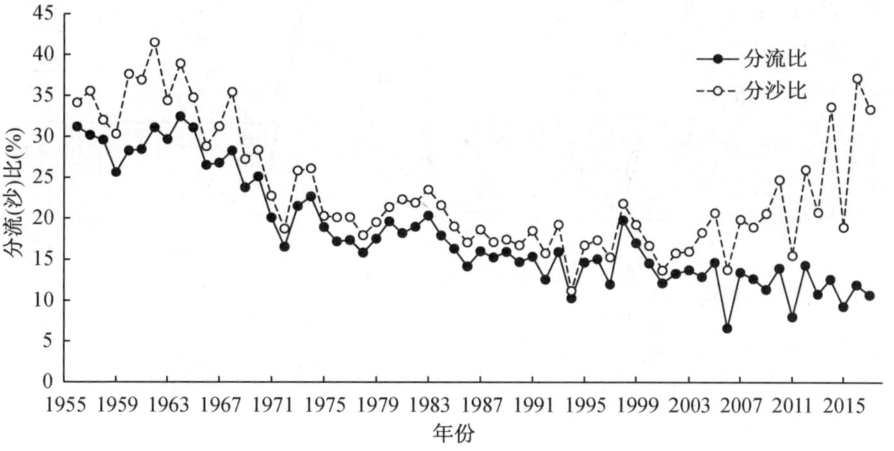

图 1.9　1956—2017 年荆江三口分流分沙比变化过程

但总体上属于沙砾河床，局部河段为砾石河床。三峡水库蓄水后，本河段首当其冲，河床粗化明显，逐步演变为卵石夹沙河床，宜昌站床沙中值粒径由 2002 年汛后的 0.175 mm 变粗为 2008 年汛后的 13.1 mm，2017 年汛后该站床沙中值粒径为 43.1 mm。

三峡工程运用后，由于枝城、沙市、监利站离大坝的距离依次增加，枝城与沙市站汛后床沙中值粒径均明显增大。至 2017 年 10 月，枝城、沙市站床沙 0.125 mm 以下的沙量存量很少，监利站床沙组成也随着河床冲刷呈现粗化现象，0.125 mm 以下粒径组比重不断减小，该粒径组沙量由 2003 年 10 月的 29.8%减至 2017 年 10 月的 4.7%，至 2017 年 10 月河床小于 0.031 mm 的床沙很少。螺山与大通站汛后床沙中值粒径变化不明显，螺山站河床 0.125 mm 以下粒径组比值不断减少，至 2017 年 10 月本站河床 0.125 mm 以下的粒径组比重仅为 1.7%，大通站河床 0.125 mm、0.031 mm 以下的沙量无明显变化趋势。

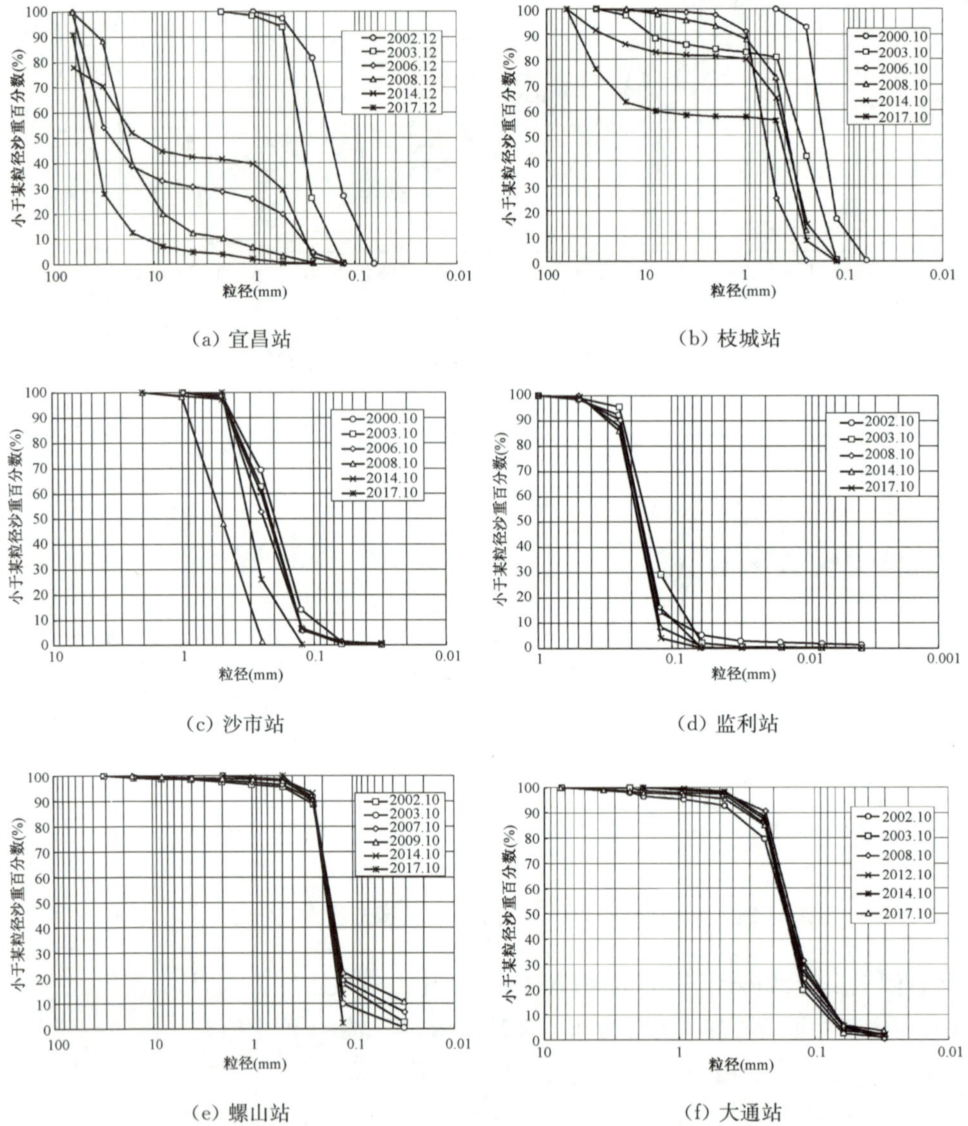

图 1.10　长江中下游干流主要水文站汛后河床床沙颗粒级配曲线图

1.4　存在问题及主要研究内容

在河道上修建水利枢纽以后，其下游河道出现的最为明显的现象即为冲刷，

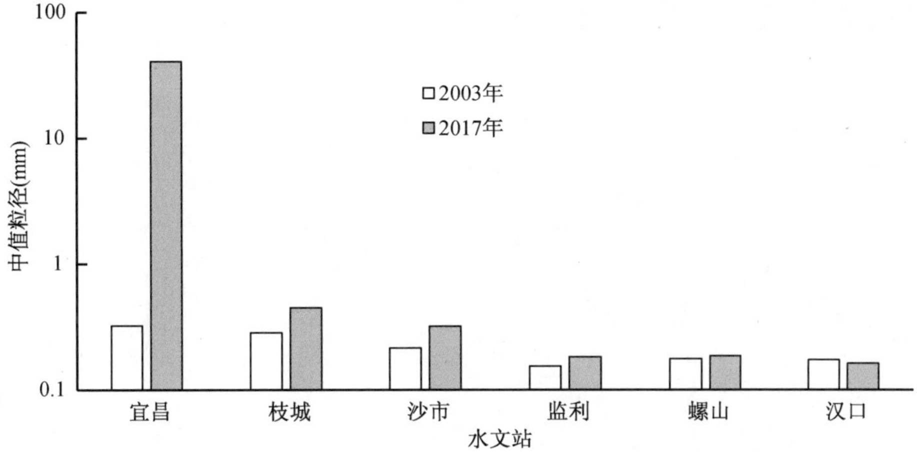

图 1.11　长江中下游干流主要水文站床沙颗粒级配沿程变化

河床及河岸的冲刷影响堤防稳定性，河势的调整也会引起主流摆动、顶冲点变化，出现险工易位，导致原有的护岸等工程失效。针对上述存在问题，本书开展了相关研究，主要内容包括：

(1) 采用实测资料，分析总结了三峡水库运用以来中下游河道主要演变特征，重点对三峡水库蓄水前后典型分汊河段(嘉鱼水道、世业洲汊道)、下荆江典型弯道段(调关—莱家铺)河床演变过程进行分析。

(2) 采用水沙数学模型，研究了下荆江弯道段水流动力特性，弯道冲淤与水沙和河道边界的关系，揭示了水沙变化对弯道冲淤的作用机制。

(3) 开展了长江中下游崩岸调查，获取水沙变化条件下岸坡失稳的宏观认识及一般规律；通过概化水槽模型，剖析水沙条件对河道冲淤、河势调整及岸坡稳定的作用机理，建立典型河段水沙因子与岸坡稳定间的定量关系。

第二章

国内外研究进展

2.1　枢纽下游河道演变

在河流治理和利用的工程中，水库等枢纽工程对河流的影响和干扰最大。水库的修建改变了影响下游河道演变的基本条件（来水过程、含沙量、泥沙级配等），河道将会发生普遍冲刷、河势调整以及再造床过程，因而受到了广泛的关注。

河流上兴建具有调节能力的大型梯级水库后，改变了下游河段的来水来沙过程，如削减洪峰、增加枯水流量，或者改变洪枯水持续的时间。一旦水沙过程被干扰超过一定的限度，就会打破原有的平衡，或者改变河流水沙系统内部原有的变化规律，引起下游河流的再造床作用。建库后，清水下泄，水流含沙量一般处于强烈次饱和状态，需要从河床和河岸中不断补充沙源（Baxter，1977），为适应新的水沙条件变化，下游河床形态重新调整，有些河型发生转化。枢纽下游河床的重塑一般以展宽、下切、床沙粗化甚至河型转化来反映，它依赖于现状河型条件、岸滩的物质组成、地形及地质条件，是一个复杂的响应过程，但总体都经历冲刷—平衡—淤积—新的平衡的过程。枢纽运用后，下游河道随着来水来沙条件的变化，原有的相对冲淤平衡状态被改变，产生新的冲刷和淤积，其中大部分河道将以冲刷为主；但同时枯水位也会相应降低，冲淤的不均匀可能引起河势变化，甚至滩槽易位。

关于水利枢纽下游河床冲刷现象主要有：含沙量显著降低、河床自上而下普遍冲刷、河床粗化、枯水位下降、纵比降调整等。同样的水沙条件变化，对于不同的河床边界可能造成不同的响应，而且这种响应由于冲刷历时的长短也可能动态变化。关于这种动态性，一般的研究认为水库下游河床与水沙条件两者之间的不适应性在建库初期达到最大，因此，河床变形也以初期最为显著，并因时递减（Williams et al.，1984）。冲刷过程中，随着河床及岸滩抗冲特性的变化，形态调整也产生变化。水库下游的调整在趋向平衡的过程中，还会因为水文条件的变化出现间歇性的变缓和加速现象，完全达到平衡状态甚至需要上百年时间(Gilvear，2004)。

河床沿程冲刷受到枢纽运行方式、泥沙补给条件、河床抗冲性变化等的影响，世界各地水库下游的河床演变千差万别(Graf，2006)。Grant 等人(2003)根据建坝后不同的流量变化、含沙量变化、粒径、比降等将坝下游地貌影响进行了分类。有的河流筑坝以后将引起下游河道强烈的反应，有的则几乎没有出现多大变化(Grant，2003；Phillips et al.，2005)。例如，流入哈得逊湾的加拿大皮斯河，修建了 Bennett 坝(Townsend，1975)，坝下游 700 km 的河床组成为卵石，建库后，卵石河床床沙很快粗化，河道很快就不再有明显改变。美国 Trinity River 上的 Livingstone Dam，仅坝下游有下切、展宽、粗化现象，60 km 以外因海平面变化等其他因素影响已无多大反应(Phillips et al.，2005)。在欧美的很多河流上，都会由于水库的调蓄作用使下泄流量趋于均匀化，造成洪峰流量减小，导致平滩以下河槽容积减小。而在我国的一些多沙河流，由于清水的冲刷作用，近期河槽反而向加宽或加深方向发展。我国的葛洲坝水利枢纽 1981 年蓄水运行后，坝下游河床冲刷下切、枯水位下降、河床粗化，1984 年总体上基本达到悬移质泥沙淤积动态平衡(戴会超 等，2005)。三峡枢纽运行到现在，长江中下游出现全线冲刷，并仍在发展中(许全喜 等，2011)。

水库对下游河道演变的影响是极其复杂的，水库引起的水沙条件的变化，不仅会造成下游河道的冲刷、河床的粗化，而且会导致河道纵剖面的调整、断面形态的调整和河宽的变化，甚至造成河型的转化。由于问题的复杂性，对坝下游河床的冲淤调整过程、河势调整与水沙响应关系研究较少。

2.2 河道岸坡稳定

国外河道岸坡稳定的研究始于 20 世纪 60 年代，最先开展该方向研究的是 Leopold 等人(1965)，此后，Wolman(1974)、Thorne 等(1988)，Darby 等(1996)均对崩岸进行了研究。根据 Thorne 的研究，河道岸坡侵蚀定义为由于水流及地质作用而导致的河岸土体以颗粒的形式或者聚合物的形式分离、夹带、搬运的过程。河道崩岸定义为由于土体失稳导致的河岸部分或全部崩塌。河道崩岸是多种因素综合作用的产物，包括水流冲蚀、渗流侵蚀、河岸土体力学性质、风化作用等，其中水流冲蚀、渗流侵蚀会直接导致河道崩岸的发生。

国内开展的崩岸机理(图 2.1)研究工作起步较晚，在 1978 年至 2000 年，由长江水利委员会牵头组织了六次全国性的河道护岸工程学术讨论会，期间有很多专家学者对江河崩岸问题的成因与机理进行了分析研究，其中比较有影响的研究包含冷魁、李宝璋、陈引川、丁普育、李昌华、陈祖煜、孙玉生。近 20 年来，特别是 1998 年大洪水之后，国内已有多名专家学者对长江河道崩岸进行了一系列的专题研究，其中张幸农、夏军强、假冬冬、余文畴、岳红艳、宗全利、王延贵、刘红星等人对河道崩岸机理发展起到了重要的作用，但由于崩岸问题复杂性，缺少系统技术观测，使得理论模式无法得到验证，给探索崩岸机理的研究造成了很多的困难，是研究进展缓慢的主要原因。河道崩岸研究还存在着很多难点，归纳起来主要有以下几点：

（1）河道岸坡壁面切应力的精确预测。岸坡切应力对于岸坡侵蚀失稳的预测有较大的影响，由于弯道中存在二次流等复杂的水流结构，目前已经开展的研究并未精确地描述弯道岸坡壁面切应力的沿程分布及横向分布规律及计算方法。

（2）河道岸坡失稳崩塌等物理过程（图 2.2）耦合研究还不够成熟，尽管已取得了一些阶段性的成果，但目前仍然不能将复杂二元结构土体性质、水流侵蚀、渗流下切侵蚀等物理过程进行耦合研究，并分析其不同物理过程对于崩岸的影响，并分析其不同物理过程之间的联系以及权重。

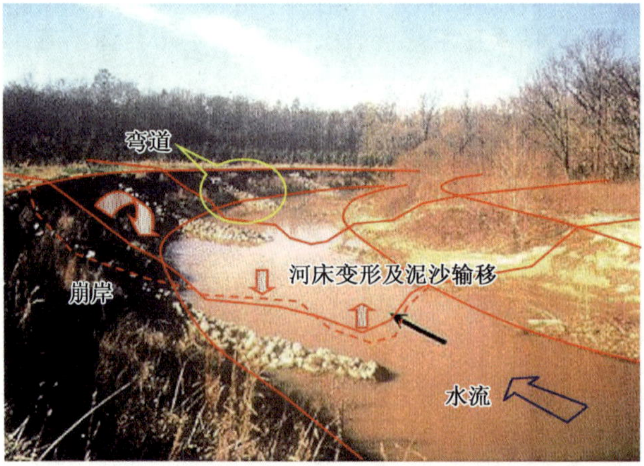

图 2.1　河道崩岸机理示意图

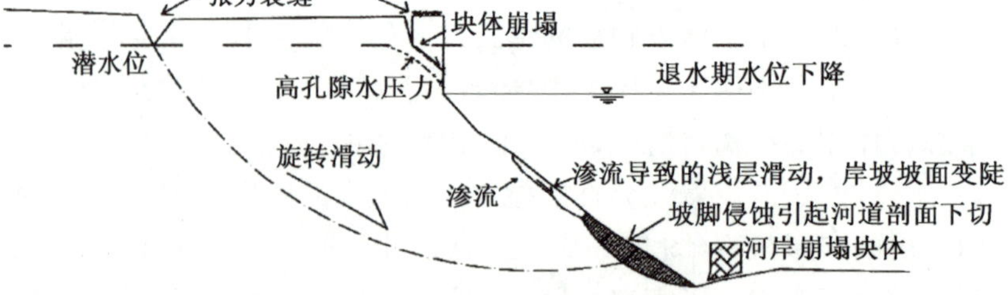

图 2.2　崩岸物理过程示意图

（3）土体侵蚀系数的确定。土体侵蚀系数的确定对于预测河道冲刷以及渗流侵蚀率起到至关重要的作用。特别是对于黏性土而言，河岸侵蚀率取决于土体凝聚力特征。在非饱和土中，凝聚力与基质吸力相关，同时也跟土体含水率，孔隙水压力有着重要的联系。而土体含水率随着降雨、水位、温度等因素实时变化，因此土体侵蚀系数也会随含水率等因素不断变化，根据以上分析表明对于土体侵蚀参数的研究十分必要，此项研究目前开展尚少。

（4）目前的多数崩岸数学模型未能将影响岸坡稳定的多种物理现象（渗流侵蚀、水流侵蚀、复杂二元结构河岸、风化等）融合在一起进行研究，这也是目前崩岸数学模型发展的障碍。

（5）水、土物理特性的研究，尤其是水、土特征曲线的分析。该研究对于厘清地下水及孔隙水压力对河岸岸坡稳定性的影响尤为重要。在研究地下水及孔隙水压力变化对岸坡失稳的影响时，需要进行大量的试验，以确定两者之间的物理关系。

第三章

水沙变化对中下游河道演变的影响

3.1 三峡水库运用以来河道主要演变特征

三峡工程对下游河道最根本的影响在于改变了来水来沙条件。水流是塑造河床的基本动力，径流大小、变幅、各流量级持续时间等要素决定了水沙两相流的造床动力特征；泥沙则是改变河床形态的物质基础，沙量的多少、颗粒的粗细影响着河床演变的方向。不同的水沙组合特征决定了河床的平面形态、断面特征、河弯数量、蜿蜒度等。三峡水库运用以来河道主要演变特征表现为：

(1) 随着护岸工程与河(航)道整治工程的相继实施，增强了河道边界的抗冲性与稳定性，限制了河道横向变形的范围与幅度，有效控制了河道总体河势。

长江中下游宜昌至枝城河段为山区向平原河流的过渡段，沿江两岸为山体和硬土质岸坡，抗冲性强；其余河岸主要以上层为黏性土、下层为粉细沙或细沙组成的二元结构为主，上、下层抗冲性差别大。这种以二元结构为主的岸坡组成，决定了崩岸是河道平面变形的主要形式。据不完全统计，长江中下游河道两岸崩岸长度约 1 500 km，约占岸线总长度的 42%，其中崩岸强度大的河段，每年崩宽可达数十米至百余米，甚至几百米。

随着中华人民共和国成立以来众多河道治理工程的实施，长江中下游长约 1 500 km 的崩岸段已基本得到治理，对控制中下游总体河势的基本稳定起到了重要作用。

(2) 三峡水库运用以来，进入长江中下游河道的泥沙大幅减少，河道冲淤由总体基本平衡转为总体冲刷。

三峡水库运用前，中下游干流河道输沙基本平衡；三峡水库蓄水后，宜昌站的年均输沙量不足蓄水前的 1/10，为 0.482 亿 t，而宜昌以下沿程输沙量逐渐增加，至大通站年均输沙量增加为 1.448 亿 t，约占蓄水前该站平均值的 34%。长江上游、两湖水系及支流汉江进入干流的年均沙量为 0.684 亿 t，大通站输出年均沙量为1.557亿t，进出相差−0.873亿t。由此可见，宜昌至大通河段总体处于冲刷状态。

(3) 三峡水库运用后，分汊河道短汊（比降较大汊道）发展是其演变的主要特点。

分汊河段在长江中下游分布尤为广泛，如瓦口子—马家咀河段、窑监河段、陆溪口河段、嘉鱼—燕子窝河段、天兴洲河段、马当河段、南京八卦洲河段、世业洲、和畅洲河段、扬中河段、澄通河段以及长江南支下段等。绝大多数分汊河道均分布有凹岸边滩、凸岸边滩及洲头低滩等边心滩。其中顺直分汊由于进出口对峙节点的控制，横向展宽受到限制，一般没有凹岸边滩和凸岸边滩发育，仅发育有洲头低滩。分汊河段凸岸边滩年内遵循"洪淤枯冲"的演变规律，而洲头低滩、凹岸边滩则表现为"洪冲枯淤"。切滩是分汊河段滩体演变的另一个主要特征，分汊河段的边滩和洲头低滩均存在切割现象。边滩切割方向与水流方向大致平行，洲头低滩切割方向则与水流方向大致垂直，两者切割过程中均伴随着倒套的溯源发展。

三峡工程蓄水后，坝下游河道持续冲刷，河道边、心滩冲刷，高滩崩退，短汊（或比降较大的汊道）发展等是分汊河段演变的主要特点。分汊河段的冲淤变化主要表现为江心洲洲头低滩的冲淤调整，同时部分还伴随着主支汊的交替转换。从沿程变化来看，距三峡工程越近的分汊河段，河床变化更为显著，江心洲低滩冲刷、高滩崩退的变化态势明显，距离三峡工程越远，受三峡蓄水的影响明显减弱，河床变化的剧烈程度相应也会有所降低。

(4) 三峡水库运用后，其下游弯道段凸岸边滩遭受水流冲刷后难以恢复，急弯段存在"切滩撇弯"现象。

弯曲河段在下荆江分布较为密集，如调关水道、莱家铺水道、反咀水道、尺八口水道等。该类河段凸岸有较大规模的边滩，凹岸一般没有边滩或边滩规模很小。弯曲段主流"大水趋直、小水坐弯"，即大水时主流偏向凸岸边滩、凸岸边滩冲刷，而小水时主流摆离凸岸边滩、凸岸边滩淤积，使得凸岸边滩一般遵循"洪冲枯淤"的年内演变规律。凸岸边滩年际演变特征与凹岸抗冲性有关：若凹岸抗冲性较弱，凸岸边滩年际间持续淤长；若凹岸抗冲性较强，凸岸边滩年际间冲淤消长，但总体变化不大。

三峡工程运行后，原有的水沙平衡被打破，水沙条件呈不平衡状态，引起河床形态调整，河床变化与蓄水前截然不同（如调关—莱家铺弯道段、荆江门—城陵矶），下荆江弯道段凸冲凹淤的现象普遍出现。同时由于大部分弯道凹岸岸线均已实施护岸，凹岸崩退现象得到抑制，三峡蓄水前的自然"切滩撇弯"将不复存在，但在一些河道宽度较大的弯道进口段，由于该段主流年内作用的变化，凸岸边滩冲刷明显，且细沙补给不足，凸岸边滩难以恢复，而凹岸深槽则发生淤积；部分弯道调整剧烈，如七弓岭弯道，凹岸河心形成水下潜洲，水动力轴线弯曲系数减小，河道有向分汊型转化的趋向。

3.2 典型分汊河段河床演变

3.2.1 嘉鱼水道

1. 河道概况

嘉鱼水道位于湖北省境内，上承龙口水道、下接王家渡水道，长约 16 km。水道平面呈弯曲放宽状，其进口有嘉鱼岩（石矶头）节点控制，左汊左岸建有三个防冲矶头，其中三矶头伸出江面最多，矶头以下有护岸工程。河道中部有护县洲和复兴洲将水流分为三汊。左汊为主汊，中汊习称为嘉鱼中夹，右汊习称为嘉鱼夹（图 3.1）。左汊相对弯曲，水深条件较好，是历年通航主汊道。

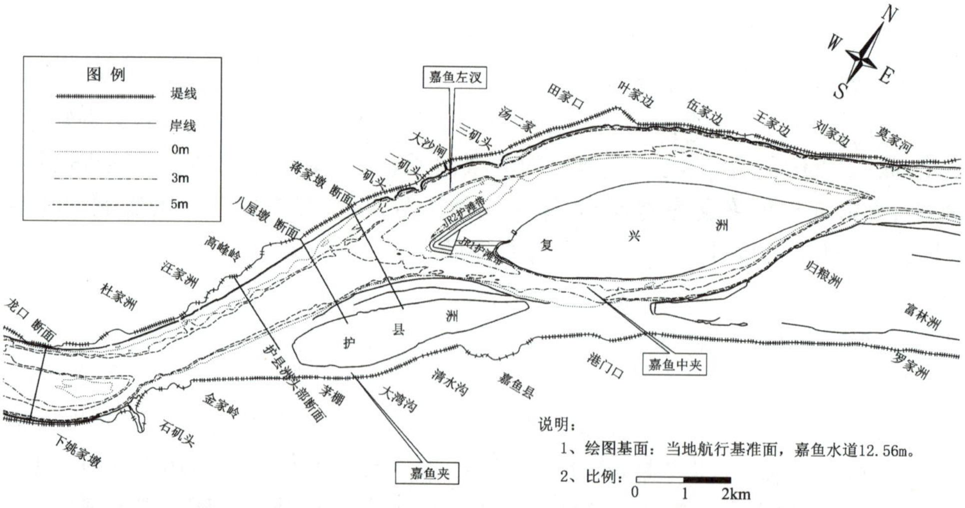

图 3.1　嘉鱼水道河势图

2. 三峡蓄水前演变

嘉鱼水道自形成微弯分汊河势格局以来，左汊一直处于主汊的地位，分流比均在 69%以上。左汊分流比随着流量的增加而减小，中夹分流比随着流量的增加而增大，嘉鱼夹只在中洪水期过流，枯季断流。

三峡蓄水前，嘉鱼水道的演变特征表现为汪家洲边滩与复兴洲头低滩此消彼长，过渡段深泓摆动，过渡段河槽呈单双槽周期性交替。20 世纪 70 年代至三峡蓄水前，嘉鱼水道过渡段经历了单槽—双槽—单槽的完整周期。20 世纪 70 年代至 80 年代中期，复兴洲头后退，汪家洲边滩淤长，深泓偏左；20 世纪 80 年代末至 90 年代末，汪家洲边滩尾部被下深槽切割成心滩，过渡段航槽变为左、右槽并存，心滩逐渐淤高长大，复兴洲低滩部分几乎消失，水流分散，深泓偏右；1998 年后，心滩右移并入复兴洲，复兴洲边滩高大完整，汪家洲边滩则相对萎缩，过渡段为单一河槽，深泓居左。

嘉鱼水道受上游龙口水道弯道及进口右岸石矶头节点挑流作用，水动力轴线偏向左汊，使得左汊稳定为主汊，河道内滩槽变化，主要是由于不同流量下节点挑流作用的不同而表现为不同的冲淤特点。对于石矶头的挑流作用，有学者认为大流量时石矶头的挑流作用明显，会促使主流左摆，但大部分研究认为大流量时，石矶头挑流作用小，主流会偏离左岸。从流场分布来看，小流量时，主流经石矶头向左岸过渡，左汊内主流贴靠左岸，而大流量时主流取直右摆。从汪家洲规模与水沙条件的对应关系来看，其中 1981 年、1985 年、1999 年最大滩宽分别为 480 m、700 m、320 m，均与大水持续时间较长输沙量较大有关，而 1974 年汪家洲最大滩宽较小仅 160 m，20 世纪 80 年代末的切滩现象均与水量较小有关。

综上，三峡蓄水前，年际间水沙条件变化较大，嘉鱼水道复兴洲与汪家洲边滩彼此互为消长，导致过渡段主流不稳，左汊过渡段呈单双槽交替的周期性演变，而嘉鱼水道中下段及出口段相对较为稳定(图 3.2)。

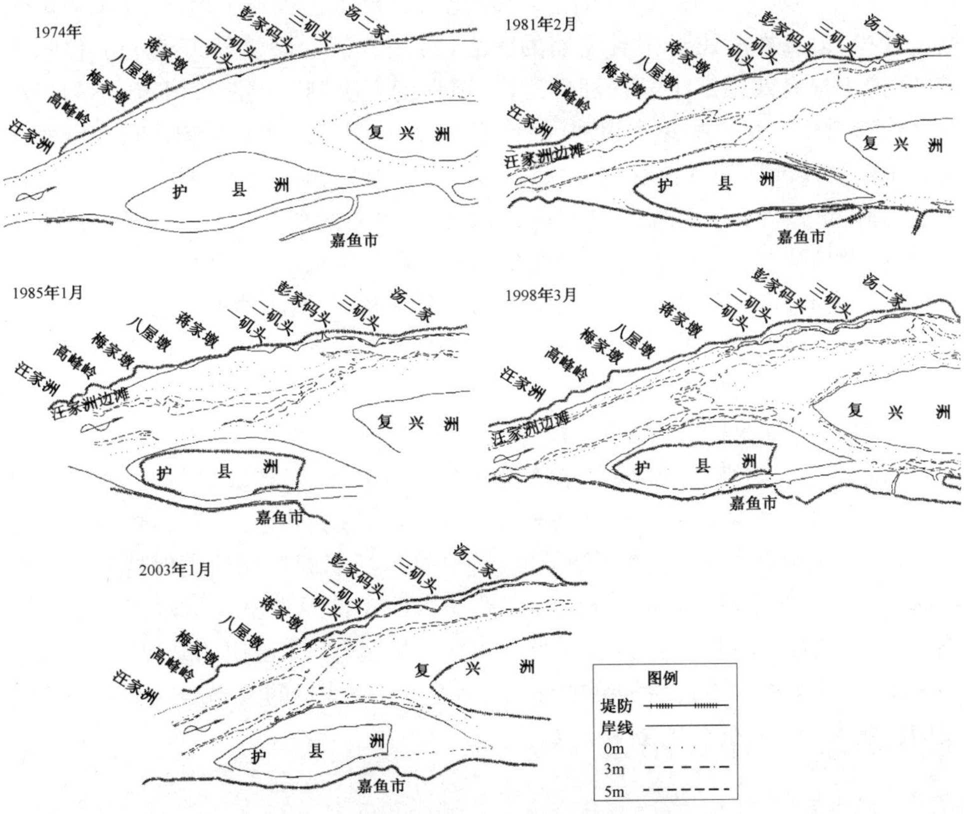

图 3.2 三峡蓄水前嘉鱼水道演变图

3. 三峡蓄水后演变

三峡蓄水以来，长江中游来沙锐减，在来水量方面长江流域则以中小水年为主，与蓄水前相比，仅2005年、2010年、2012年水量较大，其余年份径流量均较蓄水前有所减小，尤其2006年来水最少，比蓄水前多年平均径流量减小了27%。水沙条件的变化，对嘉鱼水道的河床演变特征产生一定影响。

三峡蓄水后，复兴洲洲头低滩总体表现为冲刷萎缩(图3.3)，其中三峡蓄水至航道整治工程实施前洲头冲退约400 m，一期工程实施后洲头位置得以稳定，2006—2011年洲头前沿位置变化不大，2011—2014年洲头及左缘又有所冲刷，洲头冲刷深度约2 m，洲头左缘冲刷深度为1～4 m，冲退距离约200 m。加之三峡蓄水后护县洲左缘滩体崩退，冲刷深度1～2 m，过渡段趋于宽浅，深泓右摆，深泓位置由河道中间偏左岸逐步摆至中间偏右岸(图3.4)。值得注意的是，与蓄水前汪家洲边滩与复兴洲此消彼长的规律不同，在复兴洲头低滩大幅后退的情况下，汪家洲边滩在三峡蓄水后的规模一直较小，尾部并没有淤积下延也未出现向河心大幅淤长的现象。汪家洲边滩与复兴洲低滩变化对应关系的改变主要有两方面的原因，一方面三峡蓄水后来沙量大幅减少，河道以冲刷为主，且三峡蓄水后以中小水年为主，中小水流量历时增长且洪水过程被平坦化，汪家洲边滩落淤较少，边滩规模处于相对萎缩的状态，另一方面受已建航道整治工程的影响，守护工程有效稳定了复兴洲低滩，一定程度上限制了过渡段河宽，不利于汪家洲边滩淤积下移。嘉鱼水道浅区(蒋家墩附近)受河道冲刷影响，边、心滩的冲退萎缩使得浅滩区域水流在分流区进一步分散，加之汛后退水加快，汛后水流挟沙能力降低，浅滩年际间虽有冲淤调整，但就年内冲淤来看，三峡蓄水后，浅滩仍遵循“洪淤枯冲”的规律，但冲淤幅度总体较三峡蓄水前明显减缓。可见，三峡蓄水后本水道局部洲滩发生调整，主要表现为高滩冲刷、低滩萎缩，过渡段宽浅化，而2006年实施的航道整治工程虽然对复兴洲头高滩进行了守护，但未能改变三峡蓄水后本水道的演变发展趋势。

4. 小结

嘉鱼水道呈微弯分汊河型，左汊长期稳定为主汊，三峡蓄水前，过渡段单双槽周期性交替，汪家洲边滩与复兴洲低滩互为消长；三峡蓄水后，整体河势较为稳定，洲滩冲淤有所调整，复兴洲低滩冲刷后退，汪家洲边滩规模保持相对萎缩的状态。三峡蓄水后，嘉鱼水道演变主要受水沙条件及上游龙口水道演变的影响，但水沙条件、龙口水道的变化归根结底均是三峡水库运用的结果。因此，总的来说，三峡水库对本河段演变的影响是深刻的，来沙量的大幅度减少对河道演变的影响大于径流变化的影响。

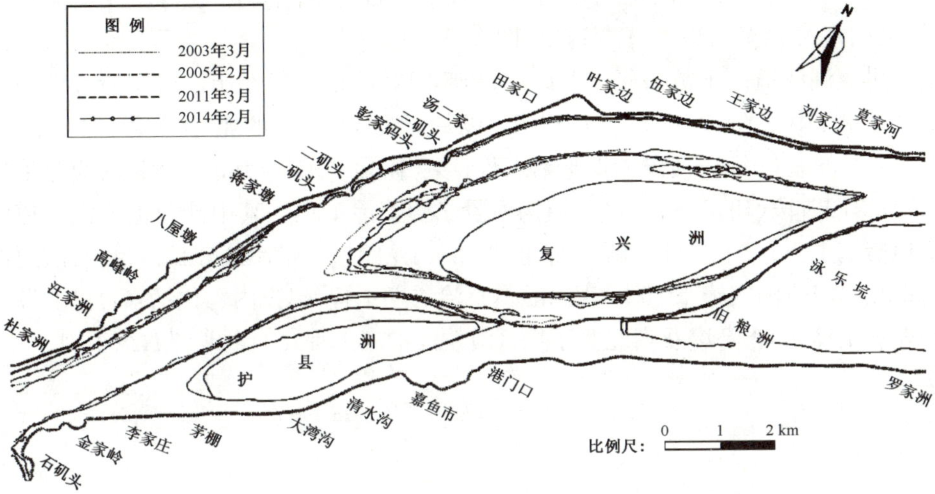

图 3.3 三峡蓄水前后 0 m 等深线变化图

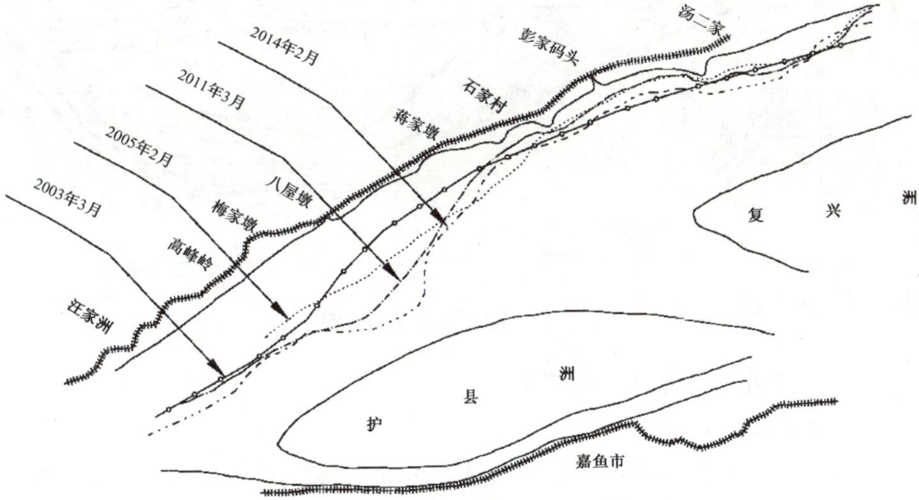

图 3.4 三峡蓄水前后深泓线变化图

3.2.2 世业洲汊道

1. 河道概况

世业洲汊道上迄三江口，下至瓜洲，长约 35 km。其中，三江口至泗源沟，为单一型河道，河道上窄下宽，平均河宽约 1 430 m；泗源沟至瓜州渡口被世业洲分为左右两汊，右汊为主汊，为曲率比较小的弯曲河道，平均河宽约 1 450 m；左汊为支汊，呈顺直型，平均河宽约 880 m。长江主流出进口弯道段后，由左向右过渡至世业洲右汊，主流沿世业洲右汊的右岸下行至龙门口附近与左汊支流汇合后，又向左过渡至出口六圩弯道段(图 3.5)。

世业洲汊道位于镇扬河段上首，水利部门对镇扬河段经历了五个阶段的河势控制工程：第一阶段（1959—1983 年）以局部护岸为主的整治工程；第二阶段（1983—1993 年）镇扬河段一期整治工程；第三阶段（1994—1997 年）长江应急治理工程；第四阶段（1998—2003 年）镇扬河段二期整治工程。其中涉及世业洲汊道的工程措施主要有：十二圩—新冒洲、世业洲头、龙门口一带岸线守护。目前，航道部门正在本河段内实施 12.5 m 深水航道整治二期工程，建设内容包括：(1)世业洲洲头守护工程，洲头潜堤及南北侧丁坝；(2)左汊护底工程；(3)世业洲右缘丁坝。

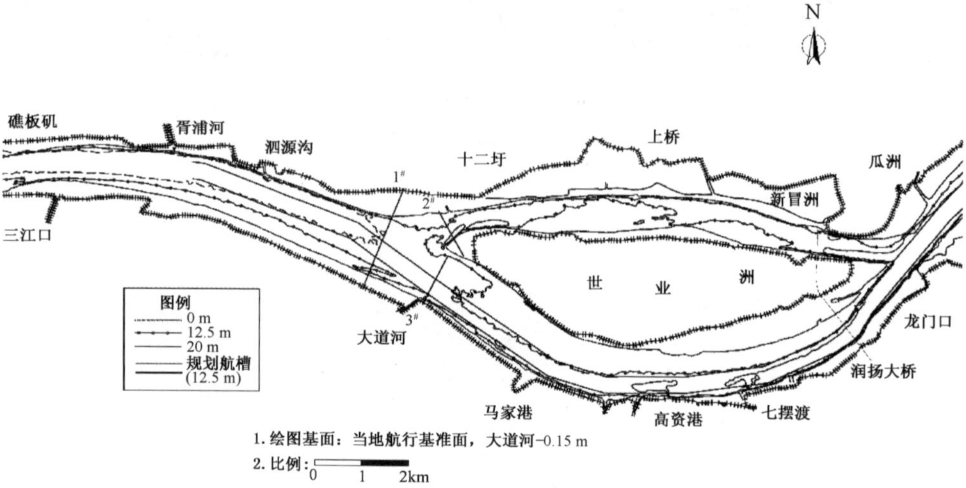

图 3.5　世业洲汊道河势图

2. 水沙变化对河床演变的影响

(1) 分流比变化

20 世纪 70 年代中期以来，世业洲左汊进入持续发展阶段，三峡蓄水前，1975—1990 年左汊分流比缓慢增加，年均增幅 0.1%，进入 20 世纪 90 年代后，左汊分流比继续增加，特别是 1998 年、1999 年两场大洪水后，这两年内左汊年均增幅为 2.8%(图 3.6)。三峡蓄水后，由于水库调蓄作用，相比于 20 世纪 90 年代，上游来流量基本以中小水年为主，左汊分流比呈缓慢发展的态势，年均增幅 0.4%，2015 年 9 月分流比达到最高值 40.4%。

(2) 滩槽变化

0 m 线变化：三峡蓄水前，受泗源沟以下水流动力轴线左摆影响，泗源沟—十二圩一带岸线持续后退，伴随着左汊分流比的增大，左汊进口左侧低滩冲刷显著。近年来，随着护岸加固工程的实施，岸线基本趋于稳定；三峡蓄水后局部岸

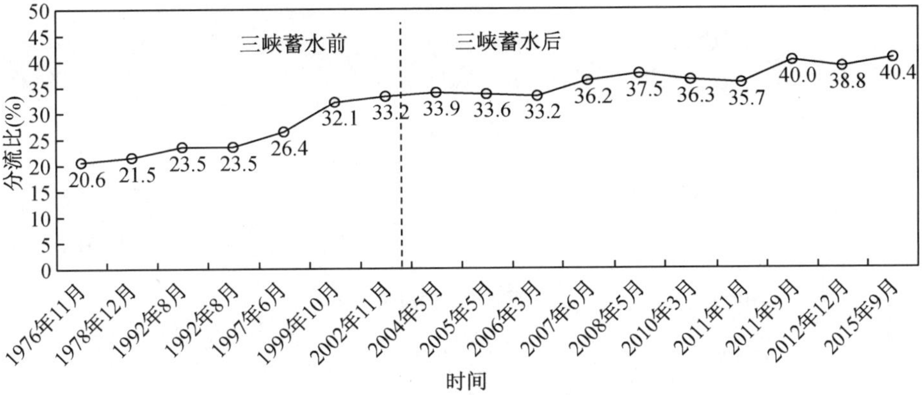

图 3.6　世业洲左汊分流比变化(统计流量 14 000～27 000 m³/s)

线仍不稳定,同时世业洲洲头右缘边滩冲刷,形成倒套,右汊进口深槽略有淤积,右汊进口冲滩淤槽,趋于宽浅。

12.5 m 线变化:三峡蓄水前,来水来沙量相对较大,河道往往表现为大冲大淤,世业洲右汊进口段 12.5 m 深槽部分不通或宽度不足 500 m,特别是大水大沙年后,12.5 m 深槽在右汊新河口—马家口断开严重,航道维护困难;三峡蓄水后,水沙条件变化后,右汊进口段 12.5 m 深槽基本贯通,航道条件好转,航道问题表现为宽度不足。

(3) 冲淤量变化

根据三峡水库蓄水前后世业洲汊道各分区的冲淤量统计情况(表 3.1),洲头分流区、世业洲左汊、世业洲右汊、汇流区 4 个区域冲淤呈现出不同的规律(图 3.7)。

① 三峡蓄水前,世业洲左汊以冲刷为主,右汊以淤积为主。左汊冲刷主要集中在−10 m 高程以上岸滩区域,1993 年后,左汊整体呈冲刷下切的现象;右汊

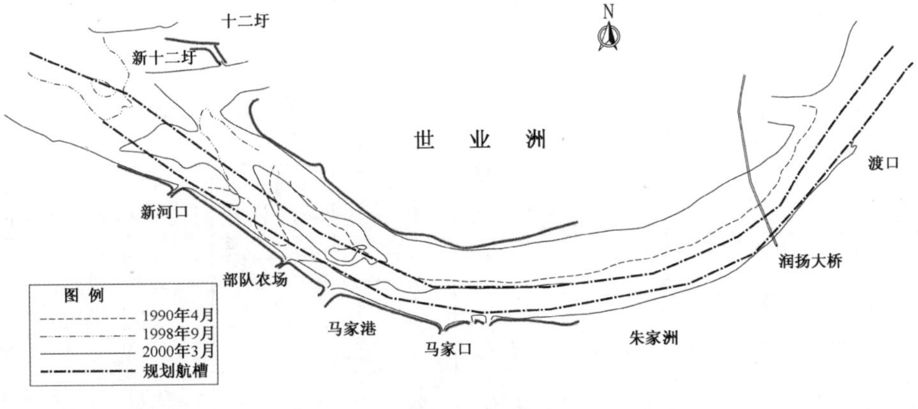

(a) 三峡蓄水前

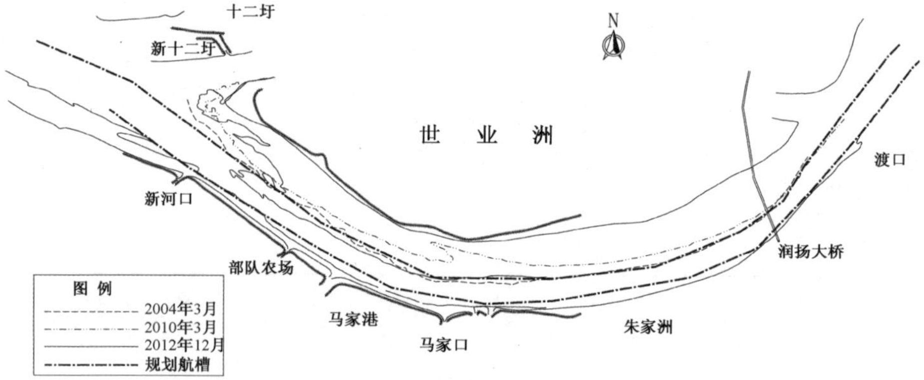

(b) 三峡蓄水后

图 3.7 世业洲右汊进口段 12.5 m 深槽变化

—5 m 以上岸滩及—10 m 以下深槽均有所淤积。

② 三峡蓄水后，由于上游来沙量锐减，河段呈整体冲刷态势，从冲刷量来看，左汊冲刷量最大，约为右汊总冲刷量的 2.2 倍；洲头分流区和汇流区冲刷量相对较小，主要集中在—15 m 高程以下深槽区域。

表 3.1 世业洲水道河床冲淤量统计($\times 10^6 m^3$)

分区名称	1993—2003 年					
	统计分级					
	0 m 线以下	0～—5 m 线	—5～—10 m 线	—10～—15 m 线	—15～—20 m 线	—20 m 线以下
洲头分流区	—6.8	—0.3	—0.8	—2.0	—2.4	—1.3
世业洲左汊	—22.8	—8.8	—8.0	—4.2	—1.6	—0.3
世业洲右汊	11.1	9.3	—5.6	2.2	3.8	1.4
汇流区	1.7	2.8	2.1	1.0	1.4	—5.7
分区名称	2004—2013 年					
	统计分级					
	0 m 线以下	0～—5 m 线	—5～—10 m 线	—10～—15 m 线	—15～—20 m 线	—20 m 线以下
洲头分流区	—9.8	—0.3	—0.1	—1.3	—6.2	—2.0
世业洲左汊	—51.0	—2.7	—16.9	—25.6	—4.5	—1.4
世业洲右汊	—23.4	—2.2	—2.9	—5.7	—1.9	—10.9
汇流区	—13.2	0.7	—0.1	—0.5	—0.9	—12.4

(4) 断面变化特征

三峡水库蓄水后，河段整体虽以冲刷为主，但由于本河段为分汊河型，故冲淤发生部位和断面变化在河道的不同区域呈现不同的特征(图 3.8)。

世业洲洲头分流区断面逐渐冲刷扩大，河宽逐年增大，至 2010 年河宽达到最大值，后又有所减小，平均水深逐渐增加，宽深比由 3.3 左右减小至 2.6 左右，世业洲洲头冲刷后退，使分流区面积、河宽和水深有所增加，河相系数的逐渐减小，反映出分流区河床稳定性趋好态势。

左汊在蓄水前后断面均呈持续冲刷扩大的态势。蓄水前，左汊进口 1999 年后左侧 0 m 高程以下的河床冲刷明显，这与左汊分流增大的变化趋势一致。1974—2003 年 29 年间左汊 0 m 高程以下的过水断面面积增加 55%～79%，河宽增大 55～120 m，平均水深增加 3.2 m 左右，宽深比减小至 3 左右。三峡蓄水后，左汊进口 0 m 高程以下的过水断面面积继续增大，增幅达 41%～53%，河宽略有增大，而平均水深增幅明显，增加了 3.6～5.1 m，宽深比由 3 减小至 2 左右。左汊中段河床变化情况与进口基本相近。可见，左汊持续冲刷发展，河相系数逐渐减小，近年来为 2 左右，左汊河床稳定性较好。

右汊在蓄水前后断面变化相对较缓和，宽深比变幅不大。右汊进口在 1974—2015 年的 41 年间右汊 0 m 高程以下的过水断面面积仅增加 11%～17%，河宽增大 120 m，平均水深增幅在 1.0 m 以内，宽深比基本不变，各年均保持在 3～4 之间；世业洲右汊中段河床变化幅度很小，1974—2015 年河床断面面积、河宽、平均水深变幅很小，宽深比保持在 3.2～3.9 之间。

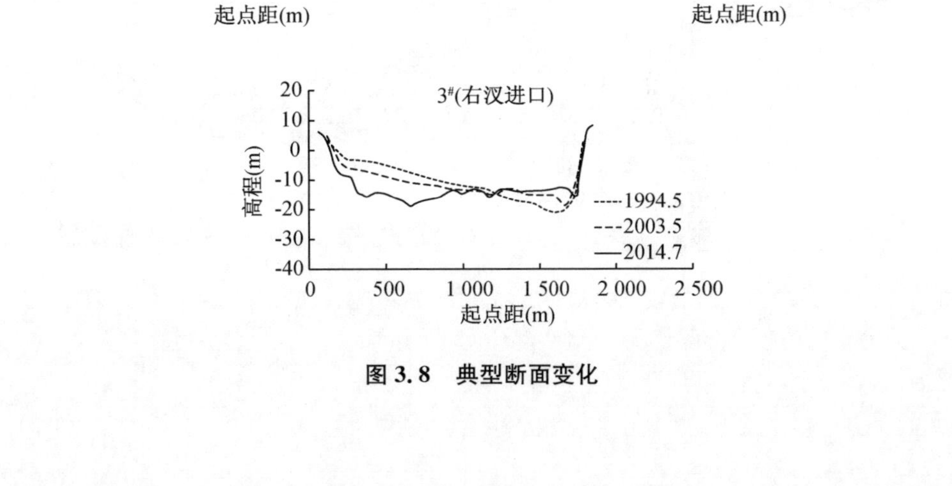

图 3.8　典型断面变化

3. 小结

三峡水库蓄水后，仪征水道河床冲淤与蓄水前有所不同。蓄水前，世业洲左汊冲刷、右汊微淤；蓄水后左右汊均表现为冲刷下切；蓄水前，大洪水对水道滩槽格局影响较大，蓄水后，受水库调蓄影响，洪峰流量减小，水沙对滩槽格局的影响有所减弱。目前世业洲汊道深水航道工程主体工程已基本完工，关键部位如世业洲头、世业洲右缘、世业洲左汊进口等得以守护，进一步稳定了滩槽格局，同时工程在一定程度上促进了右侧航槽冲刷下切，有利于航道条件的改善。

3.3　下荆江典型弯道段河床演变

1. 河道概况

长江中游调莱段由 2 个反向弯道组成，长 22.5 km，弯道凸岸有大规模滩体，深槽贴靠凹岸，滩、槽分明。

三峡蓄水前，1987—2002 年，调莱段枯水河槽冲刷 594 万 m^3，滩体淤积 815 万 m^3，凹岸冲刷，凸岸淤积的现象明显。三峡蓄水初期，坝下来沙量大幅减少，凸岸滩体由淤积转变为冲刷，在 2003—2006 年蓄水期，调莱段河床滩槽均表现为冲刷，其中，河槽冲刷 982 万 m^3，滩体冲刷 438 万 m^3；平面形态上，呈现“凸岸边滩冲刷，凹岸深槽淤积”的现象，具体来看，凸岸边滩冲退，凹岸河槽淤积，并有水下潜洲形成并持续淤积，潜洲面积增加，其中，调关弯道水下潜洲是边滩凸岸切割形成，莱家铺弯道水下潜洲为原河槽内淤积而成。三峡蓄水初期过后，尤其 175 m 试验性蓄水后的近几年，弯道段凸岸边滩由冲转淤，凹岸潜洲仍表现为淤积态势，从横断面变化来看，弯道段的枯水河槽冲刷断面展宽，平滩河槽河宽则有所减小，滩、槽变化不一致是近几年的新现象(图 3.9)。

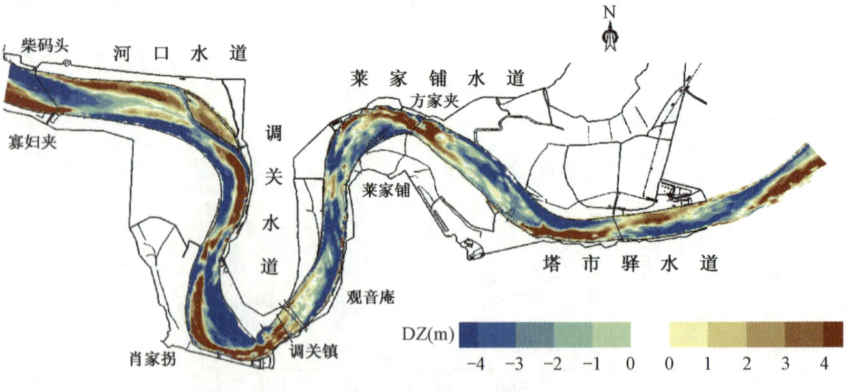

(a) 2003.02—2014.02(三峡蓄水后)

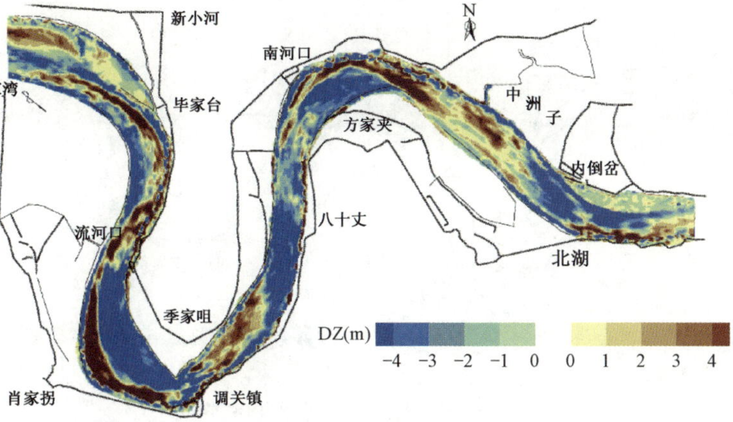

(b-1) 2002.10—2009.09(蓄水初期)

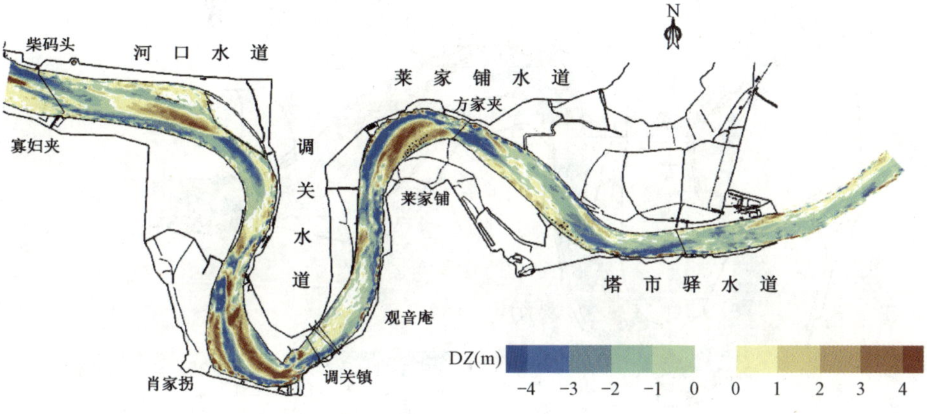

(b-2) 2012.02—2016.01(近期)

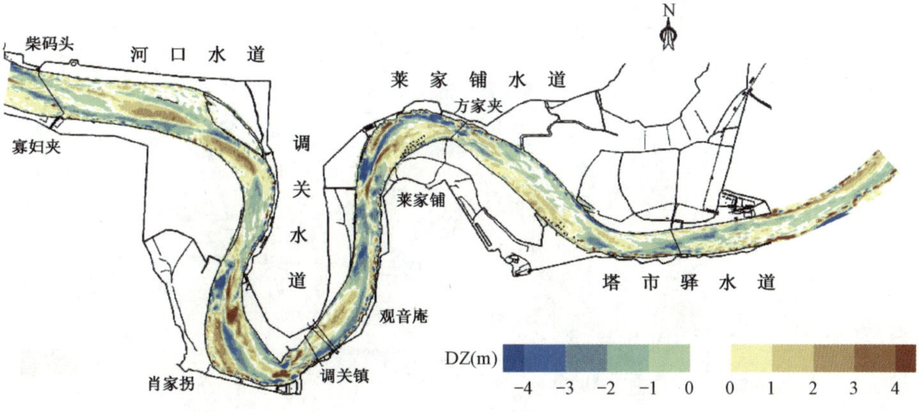

(b-3) 2012.02—2014.02

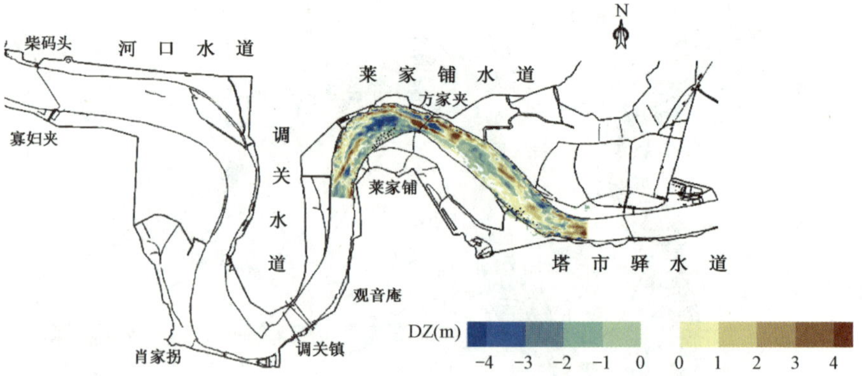

(c-1) 2013.07—2014.02(年内落水期)

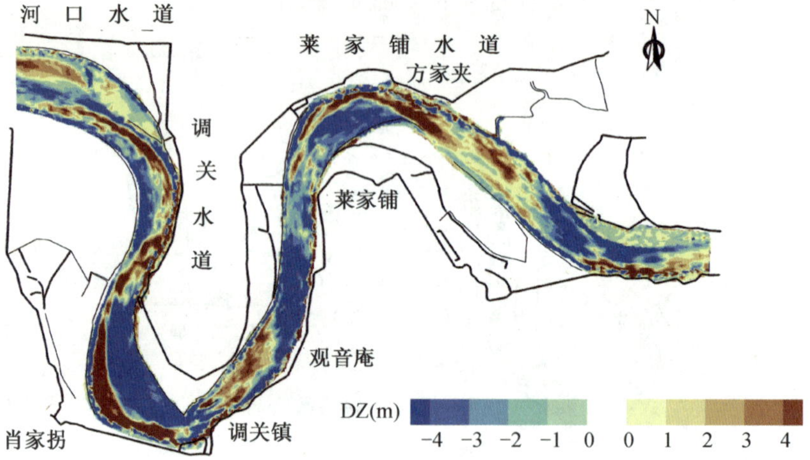

(c-2) 2014.02—2014.07(年内涨水期)

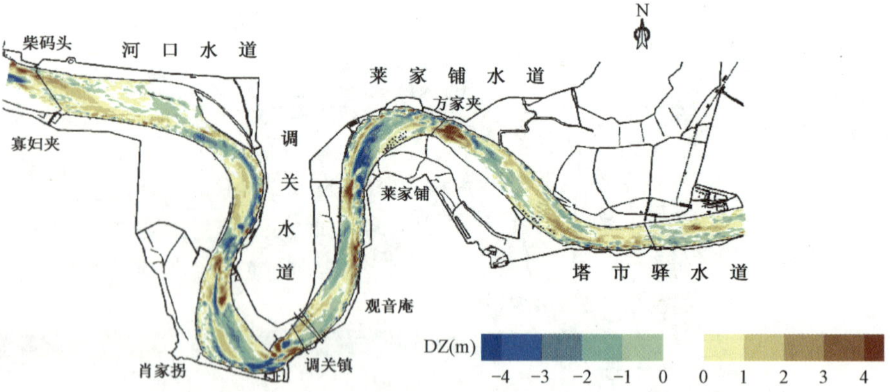

(c-3) 2016.01—2016.12

图 3.9 下荆江调关—莱家铺弯道段河道冲淤

2. 近期演变特点

为进一步分析近期河道变化特点，在调关—莱家铺弯道段，选取 14 个典型断面（图 3.10），分析整个河段横向变化情况。从典型断面变化来看（图 3.11）：

（1）顺直段，断面滩槽形态基本稳定，河槽冲刷下切 2～5 m。

（2）弯道进口段（断面 T-1）河槽冲深，由 U 形向 V 形发展，2012—2016 年最大冲深约 8.5 m。

（3）调关弯道段，三峡蓄水后，断面形态由偏 V 形向 W 形转化，凸冲凹淤，凹岸侧形成心滩，弯顶断面形态由“单深槽向双深槽”方向发展。近几年，调关弯道凹岸心滩及右槽淤高，心滩左侧有所冲刷，深槽冲淤相间，高滩局部冲刷。

（4）弯道间过渡段（T-4、T-5），断面形态变化不大，河槽冲刷下切。

（5）莱家铺弯道段，滩槽形态基本稳定，2012—2016 年深槽有所冲刷，凹岸低滩还滩淤积高约 3 m。

（6）弯道出口段，断面形态稳定，深槽冲深，2012—2016 年最大冲深在 3 m 左右。

综上，下荆江河段急弯段属于边滩发育的蜿蜒河道，蓄水前、蓄水初期和近几年，弯道段呈现出一定的阶段性。蓄水前，凸岸边滩规模较大，主河槽呈窄深偏 V 形，深槽贴靠凹岸侧，滩、槽分明，冲淤沿断面的横向分布符合弯道“凹冲凸淤”的一般规律；蓄水后，水沙过程和输沙总量发生较大变化，河床在新的水沙条件下发生冲淤调整，蓄水初期滩、槽总体上均表现为冲刷，横向断面呈“凹淤凸冲”；但近年来，弯道段枯水河槽冲刷断面展宽，凸岸边滩有所回淤，平滩河槽河宽则有所减小，滩、槽变化不一致。

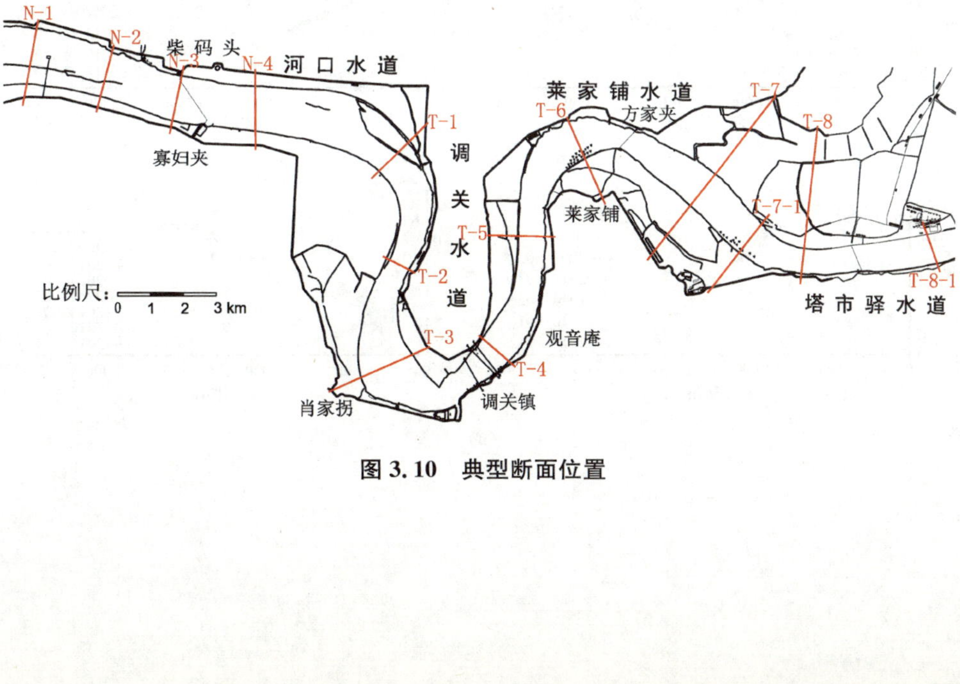

图 3.10　典型断面位置

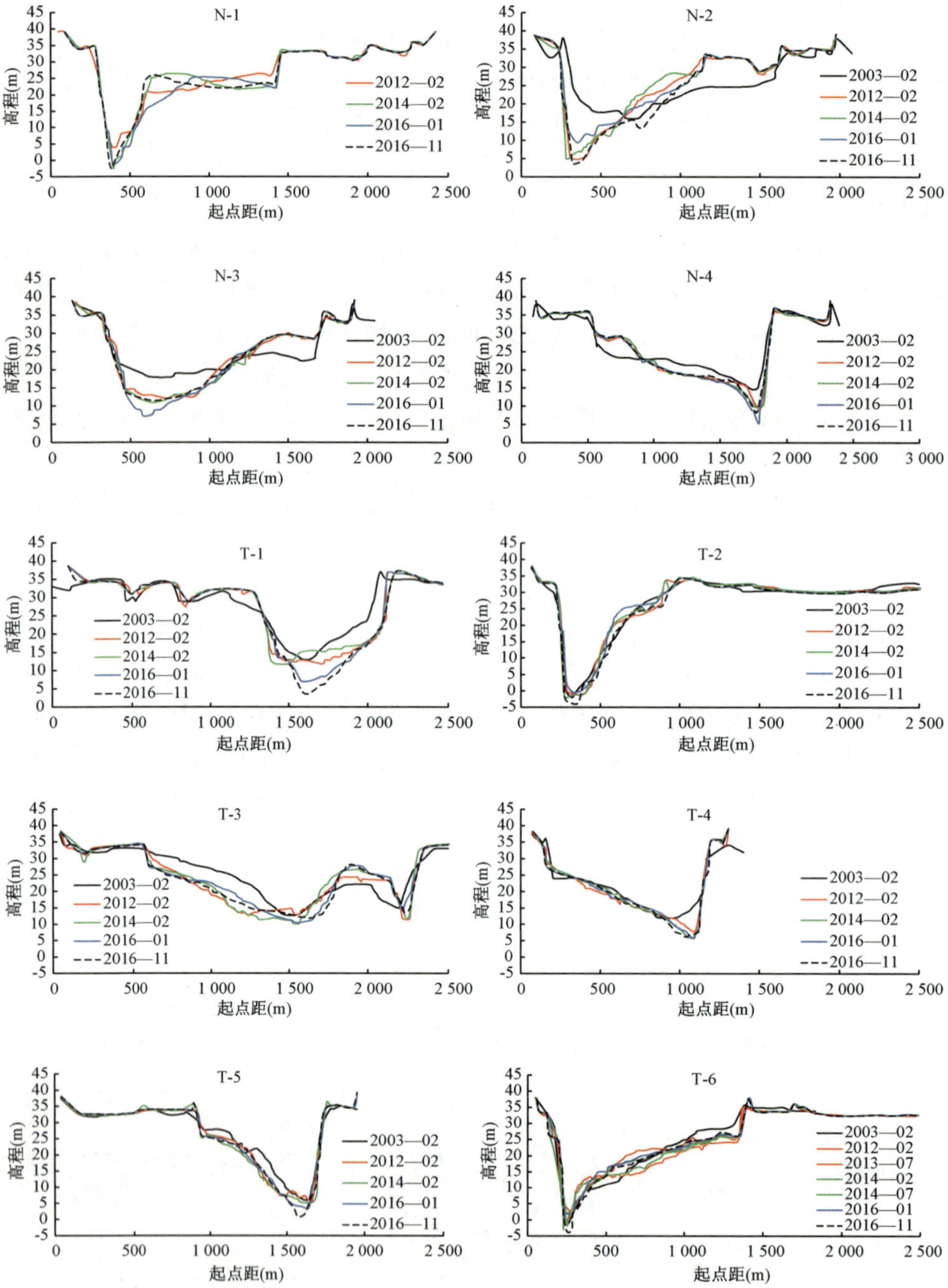
N-1
N-2
N-3
N-4
T-1
T-2
T-3
T-4
T-5
T-6
高程(m)
起点距(m)
2003—02
2012—02
2013—07
2014—02
2014—07
2016—01
2016—11

(a)

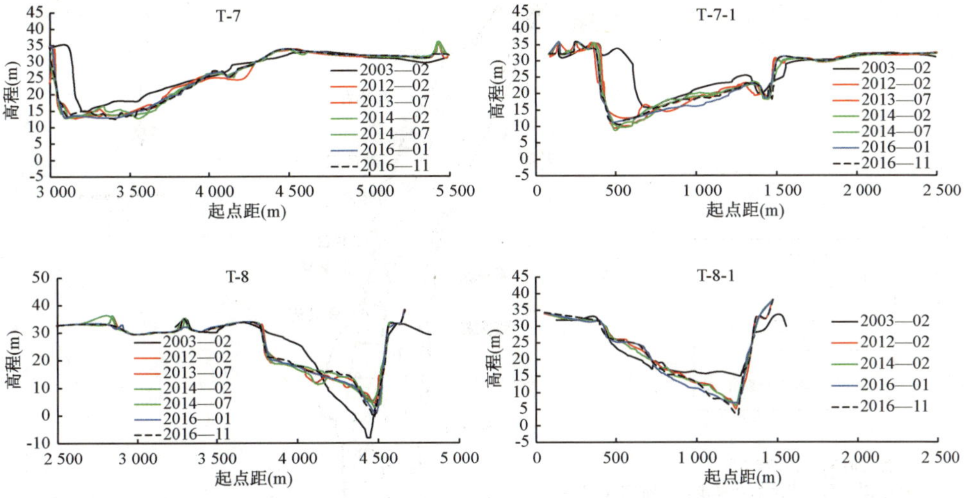

(b)

图 3.11　调关—莱家铺弯道段典型断面变化

3.4　典型顺直河段河床演变

1. 河道概况

周天河段位于长江中游上荆江末端，距武汉市 428 km，上起郝穴，下迄古长堤，全长 27 km，见图 3.12。河段上与郝穴水道相连，下与藕池口水道相接，以胡汾沟为界自上而下分为周公堤和天星洲两个水道，其中周公堤水道为进口受郝穴矶头限制的顺直河段，天星洲水道为顺直放宽并有藕池口分流的喇叭形河道。

周公堤水道为进口受郝穴矶头限制的微弯放宽河道，自郝穴至胡汾沟长 12 km，平滩水位时郝穴附近河宽 750 m，至胡汾沟展宽到 1 800 m，内有九华寺边滩、戚家台边滩、蛟子渊边滩及周公堤心滩等淤积体，构成上起上码头，下至蛟子渊的滩脊，将靠左岸一边的上深槽与右岸一边的下深槽隔开，主流自上深槽翻越滩脊向下深槽过渡。周公堤水道过渡槽位置极不稳定，变动范围最大达 10 km，为本水道航道浅区之所在。周公堤水道过渡段根据其位置分布范围分为三种过渡形式（见图 3.13），即上过渡（主流从郝穴至九华寺向戚家台至覃家洲过渡）、中过渡（主流从颜家台至周公堤向张家榨至胡汾沟过渡）和下过渡（主流沿蛟子渊左槽由蛟子渊边滩滩尾向黄水套一带过渡）。一般来讲，当主流在上、中、下过渡之间摆动时或走中、下过渡时航道条件均不好，航道条件较好的时期，主流一般位于上过渡段。

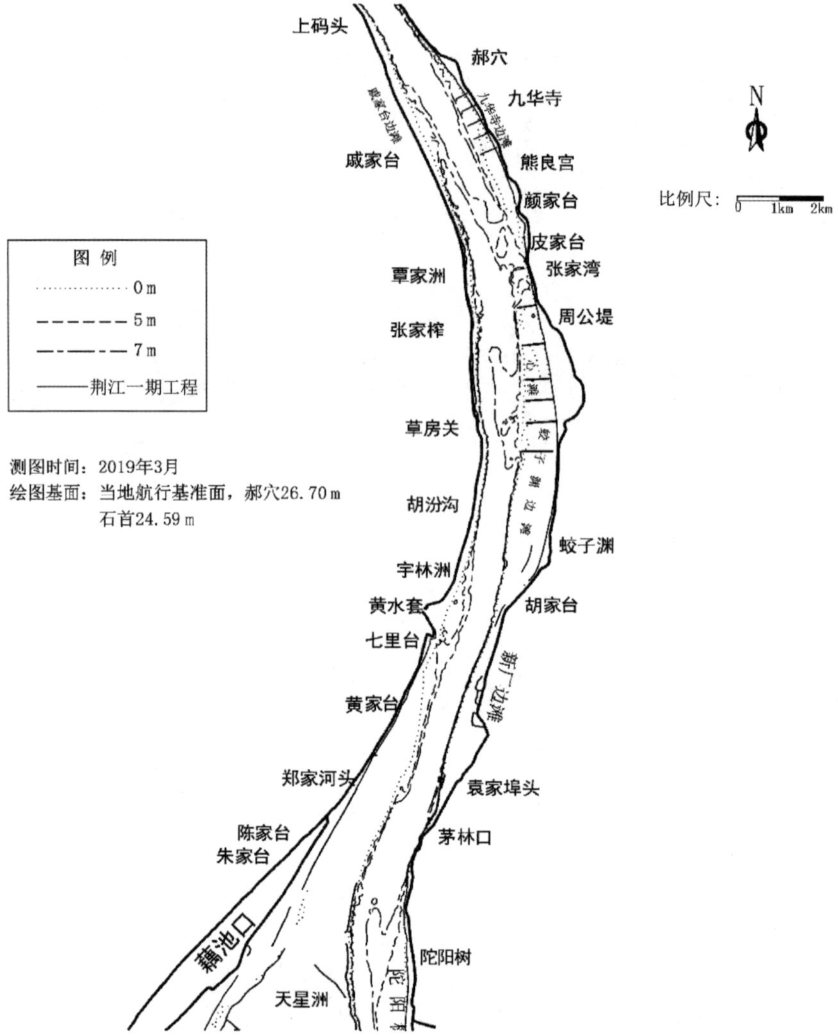

图 3.12　周天河段河势图(2019 年 3 月)

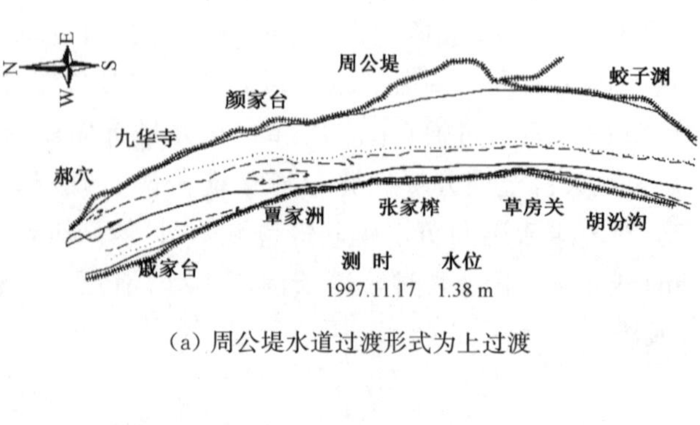

(a) 周公堤水道过渡形式为上过渡

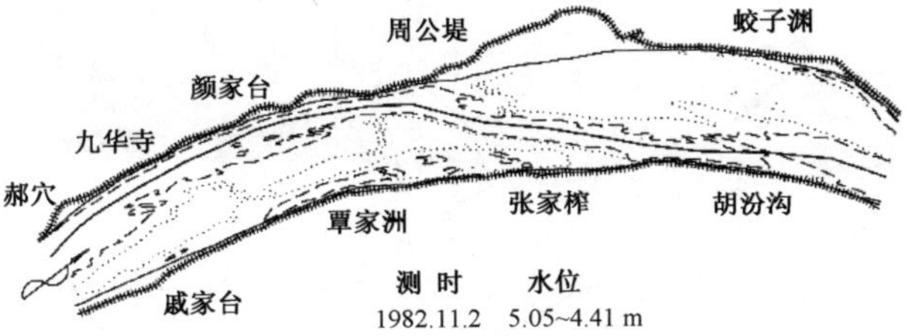

（b）周公堤水道过渡形式为中过渡

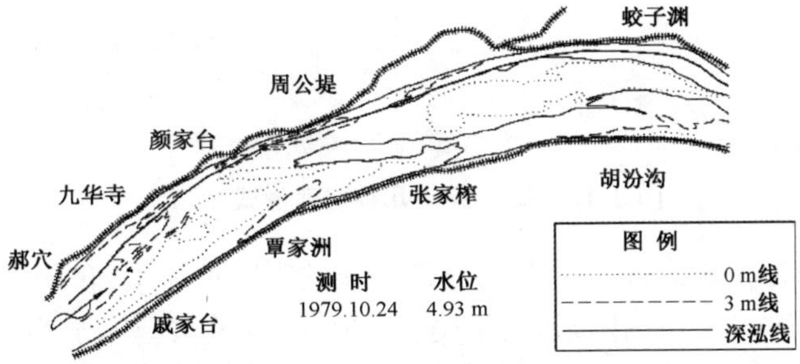

（c）周公堤水道过渡形式为下过渡

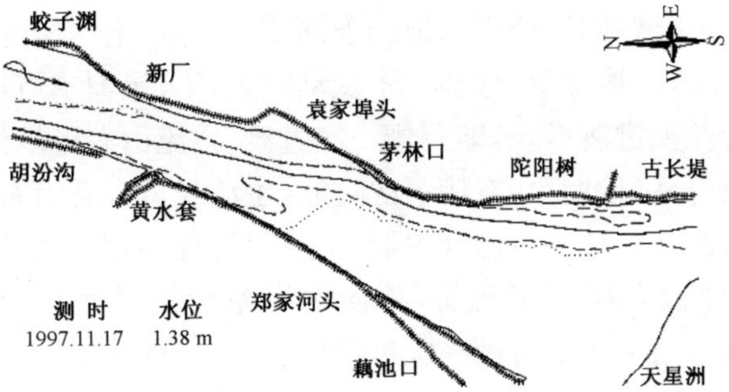

（d）天星洲水道过渡形式为左槽一次过渡

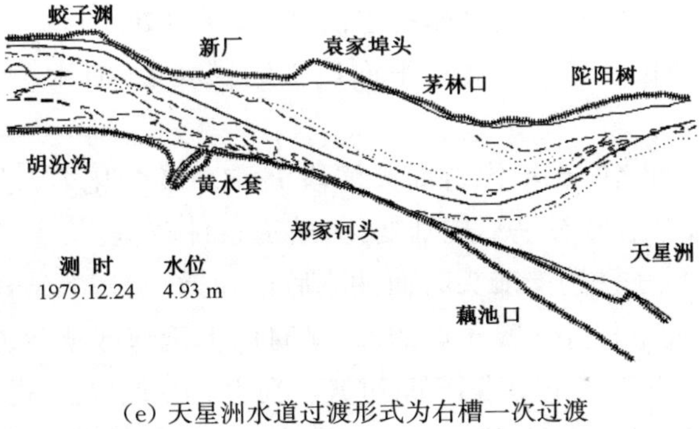

（e）天星洲水道过渡形式为右槽一次过渡

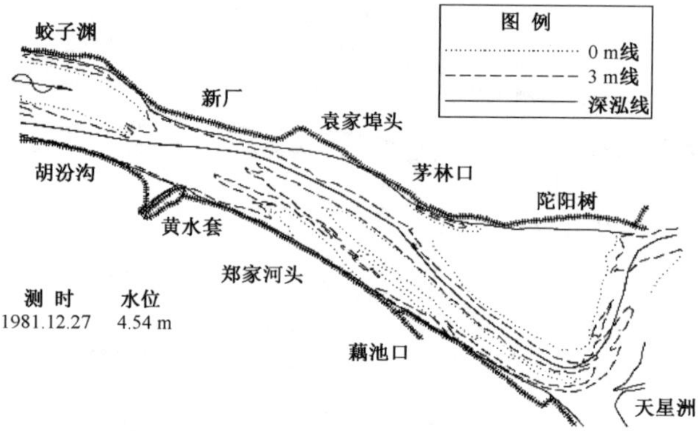

(f) 天星洲水道过渡形式为二次过渡

图 3.13　周天河段几种过渡形式示意图

天星洲水道为顺直放宽并有藕池口分流的喇叭形河道，自胡汾沟至古长堤，长约 16 km。进口胡汾沟附近，河道宽 1 800 m，到黄水套缩窄为 1 300 m，黄水套以下又逐渐放宽，至陀阳树附近最宽有 4 000 m 以上(包括天星洲)。河道左侧有新厂边滩和陀阳树边滩，右侧有天星洲大型淤积体，由上游至下游构成滩脊，主流从右岸上深槽(即周公堤水道的下深槽)向左岸下深槽过渡，在跨越滩脊时水流分散，以致跨河槽位置时上时下，变动频繁。天星洲水道过渡段根据其位置分布范围分为三种过渡形式，即左槽一次过渡(主流由右岸胡汾沟至黄水套向左岸袁家埠头至茅林口过渡)、右槽一次过渡(主流经黄水套沿右岸而下，在郑家河头向陀阳树过渡)以及二次过渡(主流自右岸胡汾沟向左岸新厂镇附近过渡后复折回右岸边，经过右岸郑家河头，再向左岸陀阳树过渡)三种过渡形式(图 3.13)。一般来讲，当主流呈右槽一次过渡或二次过渡形式时，航道条件均不好，航道条件较好的时期，主流一般呈左槽一次过渡形式。

2. 三峡蓄水前演变

从 20 世纪 60 年代至三峡水库蓄水前，周天河段处于自然状态，河床演变主要表现为洲滩的消长和过渡段深泓平面位置的摆动上，河床年际演变特点可分为四个阶段：

第一阶段(20 世纪 60 年代)：周天河段洲滩冲淤变化大，过渡段不稳定、上提下移变化频繁，滩槽形态呈不规则变化，航道条件较差。

周公堤水道：蛟子渊边滩滩头时而冲刷后退，时而淤积上延，滩体伸缩变化较大；周公堤心滩时而下移并入蛟子渊边滩，又时而上延与戚家台边滩相连；心滩在发育的年份中，上、下深槽呈交错分布；过渡段在上、中过渡之间摆动(图 3.14)。

天星洲水道：该时期绝大部分年份，新厂边滩上与蛟子渊边滩相连，下与天星洲洲头相接，形成一狭长的大型淤积体，把上、下深槽隔开，即上、下深槽在从袁家埠头至郑家河头附近交错。

第二阶段(20 世纪 70 年代):周天河段主流、洲滩逐年下移,自上而下发展,过渡槽极不稳定,天星洲水道的主流下移要滞后于周公堤水道。

周公堤水道:由于主流的不断下移顶冲,蛟子渊滩头受水流的切割并不断后退,切割部分即为周公堤心滩,心滩分河床为左右两槽,随着心滩逐渐淤长并与右岸戚家台边滩相连,右槽淤塞,左槽发展并下移。1971—1979 年过渡段从上过渡下移到中过渡再到下过渡,1979 年达到极限,过渡段深泓累计下移距离达 10 km。在下移过程中,心滩发育壮大,上下深槽交错,过渡槽极不稳定,见图 3.14。

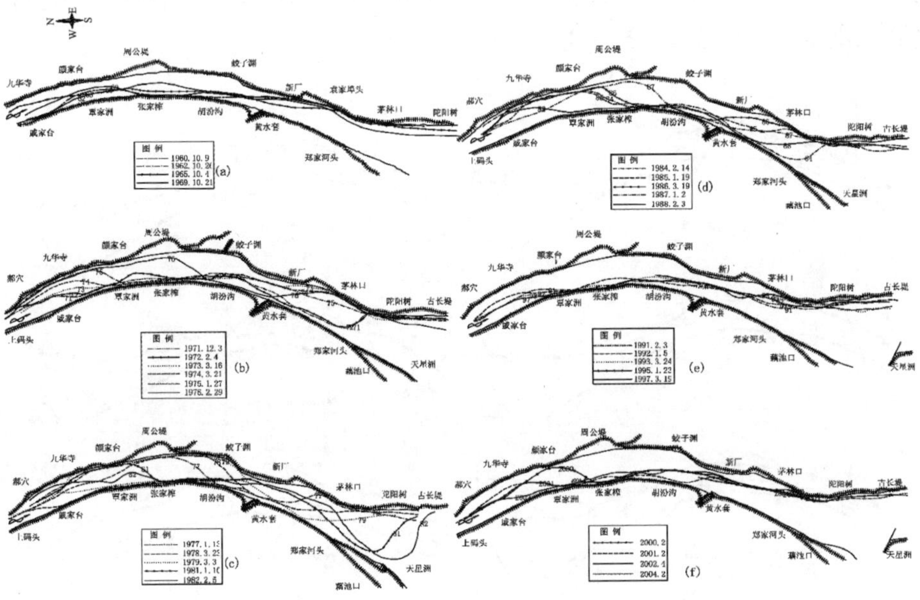

图 3.14　周天河段深泓线平面年际变化(三峡水库蓄水前)

天星洲水道:新厂边滩和天星洲连成的滩体其滩头离开左岸,并随着蛟子渊边滩的逐年下移而下移;天星洲水道的上深槽(即周公堤水道的下深槽)向下游冲刷发展,天星洲滩面遭切割,过渡段不断下移,从 1973—1982 年累计下移 9.4 m。主流下移过程中,过渡段经历了左槽一次过渡、右槽一次过渡及二次过渡的三种形式,其中二次过渡形式对于航道极为不利。

第三阶段(20 世纪 80 年代):主流在一定范围内上提下移摆动,航道条件有所好转,但出浅碍航现象仍时有发生。

周公堤水道:过渡段主流经历了上提(1980—1984 年)、下移(1984—1986 年)、再次上提(1986—1989 年),过渡形式为上、中过渡。主流在下移过程中,不断顶冲蛟子渊边滩,使得蛟子渊边滩滩头冲刷后退,周公堤心滩逐渐发育,上、下深槽交错相互争流,枯水时航道水深往往不足;而主流在上提过程中,蛟子渊边滩逐渐高大完整，周公堤心滩萎缩，航道条件好转。

天星洲水道：天星洲大型淤积体逐渐淤积抬高，迫使上深槽主流大幅上提再开始缓慢下移，如 1982—1984 年上提 8 km，1984—1988 年下移 2.2 km。上深槽即从新厂边滩与天星洲之间向下深槽过渡，过渡形式多为左槽一次过渡，由于天星洲在 20 世纪 80 年代初高程不高，枯水时水面仍然较宽，水流不能集中冲槽，过渡航槽出现水深不足的现象。

第四阶段（20 世纪 90 年代到周天河段控导工程前）：周天河段滩槽形成相对稳定的格局，过渡段主流小幅摆动，航道条件相对较好。虽然其间经历了 1998 年、1999 年的特大洪水，但由于及时实施了应急清淤工程，航道条件得以恢复到大洪水前的状态，见图 3.15。

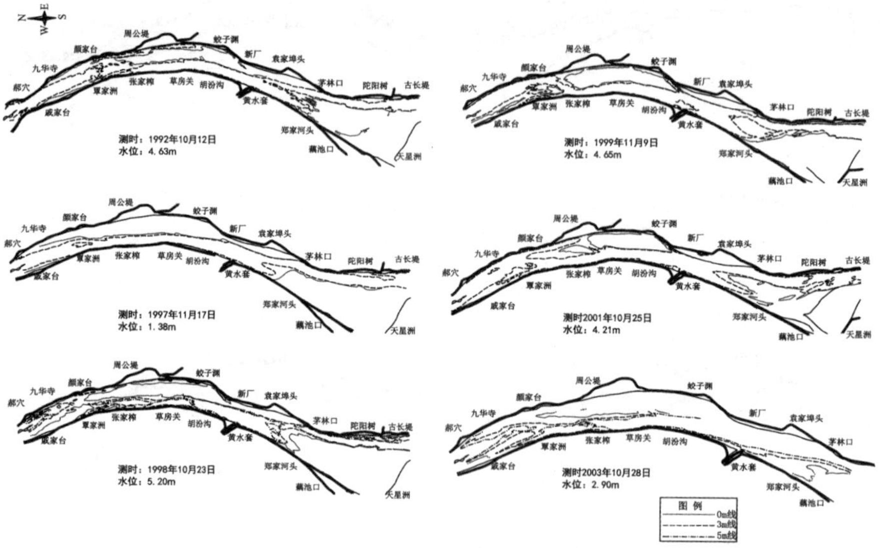

图 3.15　周天河段 20 世纪 90 年代至三峡水库蓄水前河势变化

周公堤水道：过渡段主流基本稳定在上过渡范围，蛟子渊边滩相对高大完整，周公堤心滩仍然存在，但面积较小且靠河心右侧分布，汛期九华寺边滩开始发育，这种滩的分布形势有利于缩窄放宽段的枯水深槽面积，而使得航道水深条件较好。

天星洲水道：新厂边滩相对稳定高大，天星洲大型淤积体保持较高的高程，天星洲水道过渡段保持从胡汾沟到茅林口一带过渡（即左槽一次过渡），移动幅度在 1km 以内，新厂边滩和天星洲稳定高大，有利于缩窄放宽段的枯水深槽面积，水流归槽，使得航道水深条件较好。

3. 三峡蓄水后演变

三峡水库蓄水后，河道上游来沙量减小，但由于实施了整治工程，滩槽格局基本得到稳定，周公堤水道航槽过渡段稳定在上过渡段的位置，天星洲水道处于左槽一次性过渡的形式。

周公堤水道：九华寺边滩在5道潜丁坝的作用下头部向上游淤长，且边滩保持完整，过渡段保持了上过渡形式；但由于控导工程的力度有限，并未完全限制住主流左摆，同时工程布置在颜家台闸处形成空档，使得泥沙在戚家台边滩至颜家台的方向落淤，形成斜向浅梗，上下深槽交错，航道条件恶化，进而出现碍航，甚至浅区出现4.5 m航槽中断现象，如2010年11月、2019年12月。

天星洲水道：新厂边滩及天星洲大型淤积体基本保持高大完整，滩体形态正处于较好时期，过渡段为左槽一次性过渡形式。在茅林口一带，由于水面展宽，加上天星洲滩头年际间呈现往复冲淤变化，导致过渡段主流不稳，左右摆动较大。

周天河段自上而下有戚家台边滩、九华寺边滩、周公堤心滩、蛟子渊边滩、新厂边滩、陀阳树边滩、天星洲洲体。以滩体1 m线（当地航行基准面）变化（见图3.15、图3.16和图3.17），说明三峡水库蓄水运用至今的洲滩演变。

(1) 九华寺边滩

九华寺边滩位于本水道进口放宽段的左岸九华寺一带，于20世纪90年代初才形成，滩体高程一般在航行基面以上1～3 m。九华寺边滩年内遵循生长—冲刷—消亡的演变特点，即每年的涨水期淤积成滩，退水期冲刷，枯水期消失。九华寺边滩的形成有利于汛期本水道的主流在较上位置开始向右岸深槽过渡，使得泥沙易在九华寺稍下落淤，形成较为高大完整的下边滩，如三峡水库蓄水前的1992年、1997年、2003年的周公堤水道地形即如此，此时周公堤水道的航道成为单一的微弯形，枯水期水流集中，航道条件好。

三峡水库蓄水运行以来，随着控导工程的实施，受丁坝群的作用，九华寺边滩头部向上淤长（2006—2008年），滩体保持完整，有利于本水道的主流在较上位置开始向右岸深槽过渡，航道条件相对稳定。2010年1月至今，由于颜家台闸一带处于上下坝群之间的空档，近期有所冲刷，九华寺边滩尾部在颜家台闸附近与周公堤心滩之间断开。

(2) 戚家台边滩

戚家台边滩即为周公堤水道的右边滩，是20世纪50年代末期开始发育形成的，其平面形态呈狭长状，滩体高程变化范围一般在航行基面以上0.9～9 m。戚家台边滩受进口左岸矶头挑流的影响，年内呈“汛期淤积、汛后冲刷”的演变规律，因为洪水时矶头挑流作用小，主流取直，该边滩淤积；枯水时矶头挑流作用大，戚家台边滩遭主流切割而冲刷缩小。三峡蓄水以来，从年际变化来看，总体表现为上段冲刷，下段变化不大。

(3) 周公堤心滩

周公堤心滩随着主流的变化而冲淤频繁，时而依附于左岸为边滩形态，时而脱离左岸为独立心滩，滩头较上时可与九华寺边滩相连，滩尾较下时可与蛟子渊边滩相连。周公堤水道的微弯放宽的河型，使得洪枯水主流流路不一致，决定该心滩必然存在；但由于放宽率较小，不到 9%，故该心滩不能发育高大和保持稳定。大水年时可能形成多个心滩散布江心，由于它们分散水流，有时甚至堵塞过渡槽。三峡蓄水运行后，2004—2006 年期间周公堤心滩相对较为完整，但并没有完全接岸，左岸沿岸有串沟发育；在控导工程实施后，2006—2008 年期间周公堤心滩头部冲刷，沿岸串沟出现一定的萎缩；2008—2014 年期间，心滩头部和右缘上段大幅冲刷后退，但头部基本稳定在 6# 潜丁坝附近，尾部倒套也呈现一定的发展趋势，至 2014 年 12 月左岸串沟已贯通。左岸串沟的发育有利于周天河段形成中过渡和下过渡形式，不利于主流稳定在上过渡位置。近年来，随着主流左摆，周公堤心滩右缘淤积体逐渐冲刷下移。

(4) 蛟子渊边滩

蛟子渊边滩年内演变规律是汛期淤积，汛后冲刷；汛期淹没，枯水期露出水面，呈头部低，中部及尾部略高。三峡水库蓄水前，尤其是 20 世纪 90 年代以前，蛟子渊边滩很不稳定，表现为随过渡段的上提下移而上提下移，如 1975—1979 年该边滩整体下移，即滩头冲刷后退而滩尾淤积下延，滩头从张家湾下移到新厂，累计下移 9 km 左右；1980—1984 年滩头又上延至张家湾；1985—1988 年又开始新的一轮下移，滩头从张家湾下移到蛟子渊，累计下移 7 km 左右；1992—2002 年，该边滩滩头又上延至张家湾至颜家台一带；通过清淤应急工程的实施，左侧串沟被及时封堵。三峡水库蓄水后，2004—2014 年 12 月期间，该边滩平面位置相对稳定，在实施了控导工程后，蛟子渊边滩滩头与周公堤心滩逐渐连为一体，在左岸形成一个完整的边滩，限制了过渡段下移，有利于主流稳定在上过渡位置。

(5) 新厂边滩

三峡水库蓄水以前，20 世纪 90 年代以前主要表现在平面位置的变化，滩头随蛟子渊边滩的下移而下移，滩尾与天星洲洲头相互消长；而 20 世纪 90 年代至三峡蓄水运行前，新厂边滩基本与蛟子渊边滩滩尾相连，平面位置较稳定，仅滩缘有所冲淤。三峡蓄水运行以来，由于上游的蛟子渊边滩相对稳定，同时伴随着控导工程的实施，新厂边滩的平面位置基本稳定，但由于该滩头高程较低，且随着上游来沙大幅减小，枯水期主流贴岸冲刷形成深槽，新厂边滩略有冲刷，容易产生崩岸，2004 年至 2012 年 8 月崩退约 50 m。因此，荆江一期工程对新厂边滩实施守护工程，近年来，新厂边滩总体稳定。

(6) 天星洲洲体

三峡蓄水运行后，2004 年 7 月至 2014 年 12 月天星洲洲头表现为冲淤往复变化，同时由于及时实施了控导工程，有利的滩槽格局得以维持，但在下游陀阳树一带，由于新厂边滩的崩岸，水流在此坐弯，使得下游天星洲左缘冲刷，增加藕池口水道进流的不稳定性，因此荆江一期工程对天星洲洲体左缘进行守护，近年来，天星洲洲体左缘总体稳定。

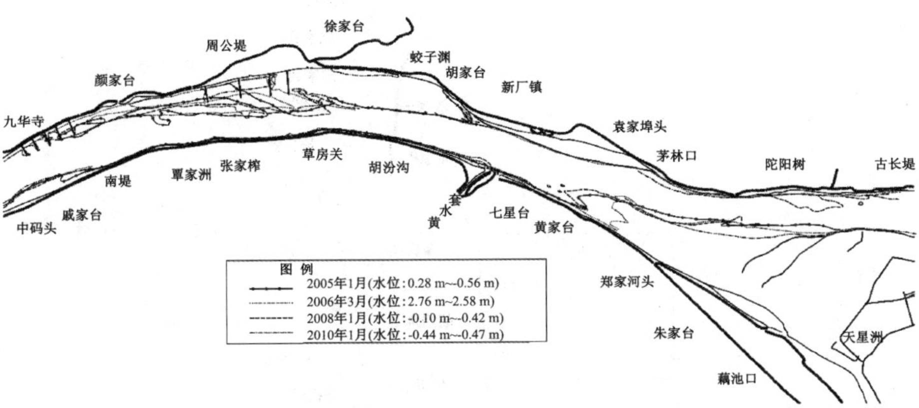

图 3.16　周天河段 1 m 线变化(2005—2010 年)

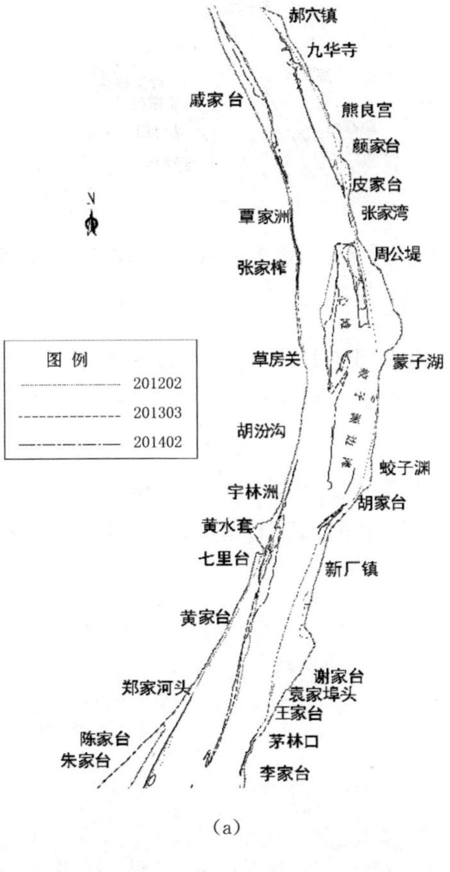

(a)

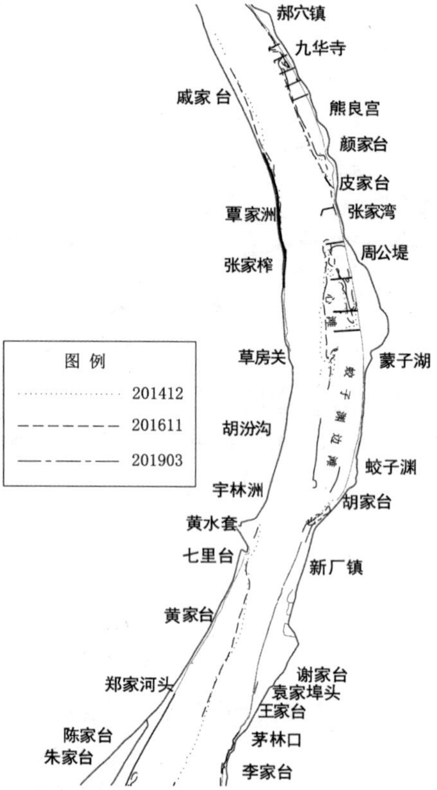

(b)

图 3.17　周天河段 1 m 线变化(2012—2019 年)

4. 小结

三峡工程蓄水前,顺直河道均有交错分布的边滩,主要演变特征是主流线摆动,引起一侧河床冲刷,滩地崩退,而另一侧滩地淤涨,且具有周而复始的规律。三峡水库蓄水运用后,该河段来沙量大幅减少,局部崩岸使局部河道展宽,使得部分过渡段主流摆动空间较大,加剧了河道滩槽的不稳定性。随着水利、航道部门对岸线及洲滩进行了控制守护,滩槽格局进一步稳定,但深槽仍会有所冲刷。

第四章

水沙变化对下荆江弯道冲淤作用机制

4.1　水沙数学模型

针对三峡水库蓄水以来下荆江弯道段(调关—莱家铺)出现不同于蓄水前的冲淤特性,采用平面二维数学模型的技术手段,研究水沙变化对弯道段冲淤作用机制。模型范围上起寡妇夹,下至塔市驿,模拟河段全长 45 km,依地形变化的剧烈程度及计算区域的重要性差异,采用不等距网格,纵向(水流方向)网格间距为 15～100 m,横向(垂直水流方向)网格间距为 10～50 m,纵向布置 541 条网格线,横向布置 81 条网格线,网格线基本保持正交,见图 4.1。

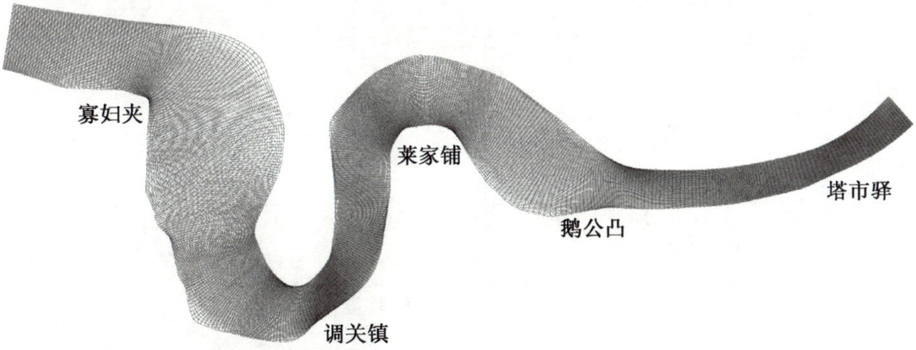

图 4.1　数学模型网格

1. 水流验证

建模地形为 2014 年 2 月实测 1∶10 000 地形,水流验证采用同期实测水文资料,实测时河道流量为 6 600 m^3/s。

沿程水位验证见图 4.3(水文断面位置见图 4.2),由图可见,计算水位与实测水位的偏差均在+0.05 m 以内,符合较好。各断面垂线平均流速分布验证见

图 4.4。由图可见,各计算值与实测值较为一致,仅个别点有所偏差,最大偏差值在 0.15 m/s 以内,能够反映调莱段的流速分布规律。

由上可见,水位、流速等的计算值与实测值较为一致,符合《内河航道与港口水流泥沙模拟技术规程》(JTS/T 231—4—2018)的要求,较好地反映了调莱段的水流运动规律,因此将此模型用于计算分析调莱段平面水动力变化规律是可行的。

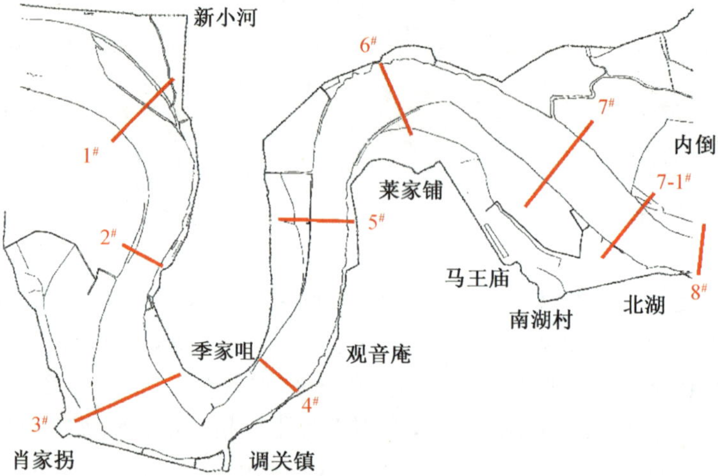

图 4.2　水文断面位置

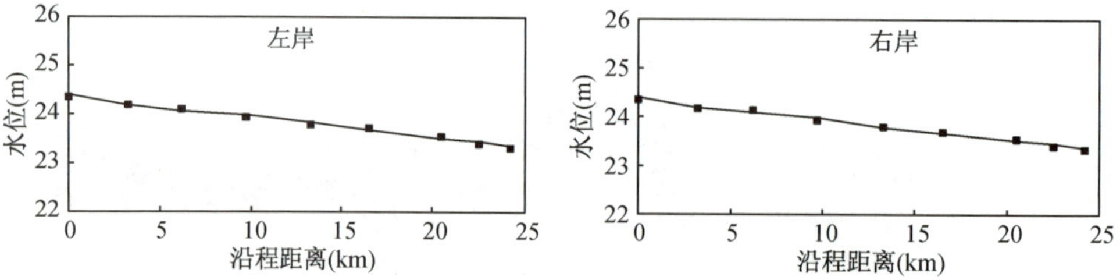

图 4.3　沿程水位验证

2. 泥沙验证

模型验证时,进口流量和含沙量控制值均由监利站实测流量和含沙量过程概化求得(5~6 d 概化成一级流量),出口水位根据监利水位和水面比降插补得到。模型初始地形为 2012 年 2 月,终止地形为 2016 年 1 月,中间输出地形为 2014 年 2 月。模型进口给出 2012 年 2 月—2016 年 1 月监利站实测水沙过程,分别验证了 2012 年 2 月—2014 年 2 月以及 2014 年 2 月—2016 年 1 月河床冲淤变化。

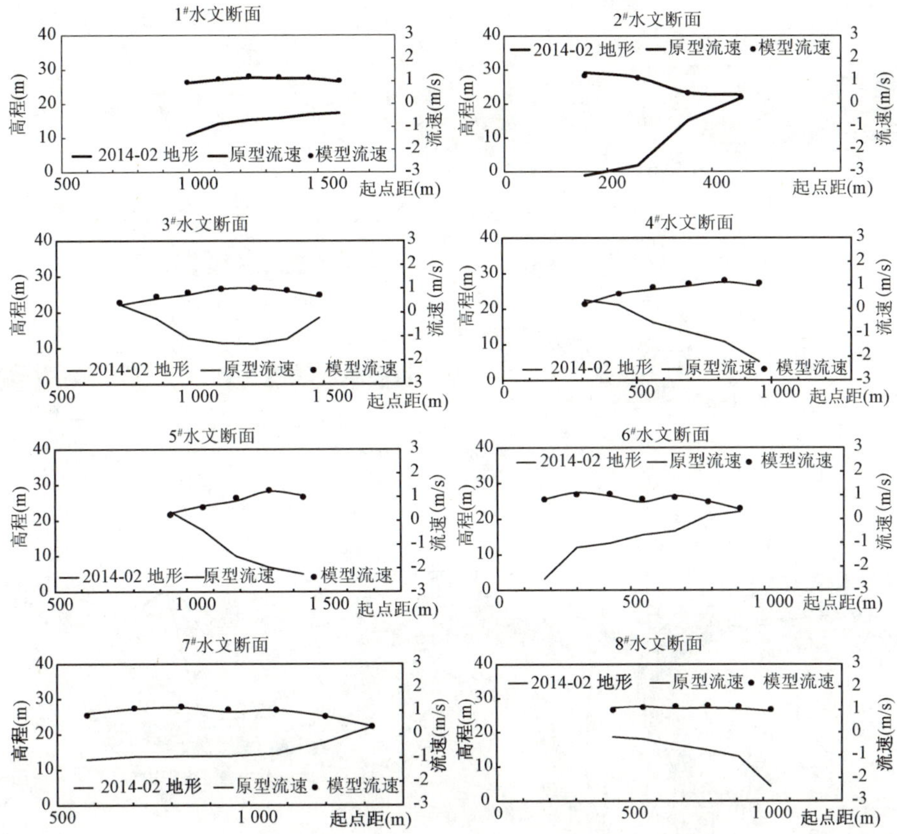

图 4.4　断面流速分布验证

河道计算冲淤分布与实测冲淤分布见图 4.5，断面冲淤验证见图 4.6，由图可见，计算和实测冲淤分布基本吻合，冲淤幅度也基本相当，能够反映出不同水沙年份河道冲淤调整变化。

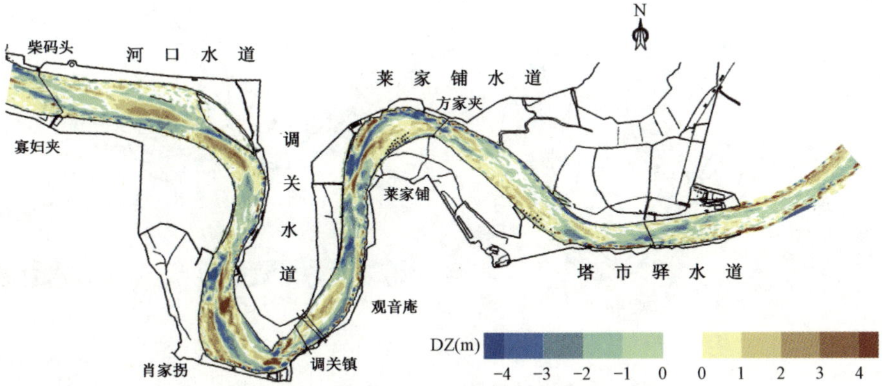

(a) 实测 2012.2—2014.2

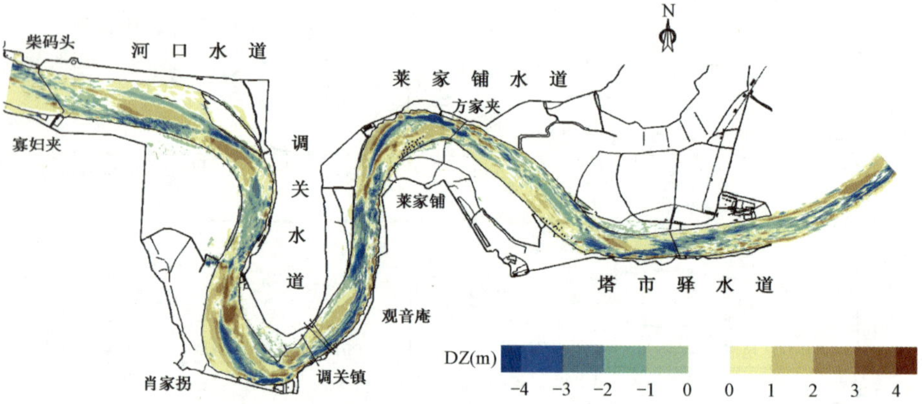

（b）计算 2012.2—2014.2

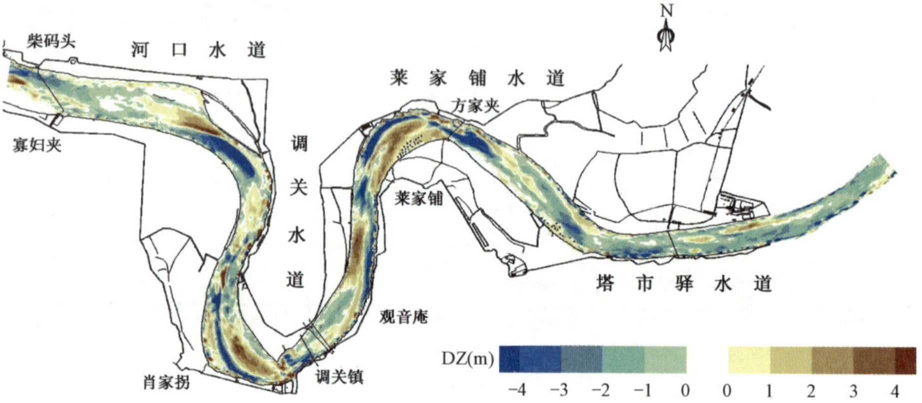

（c）实测 2014.2—2016.1

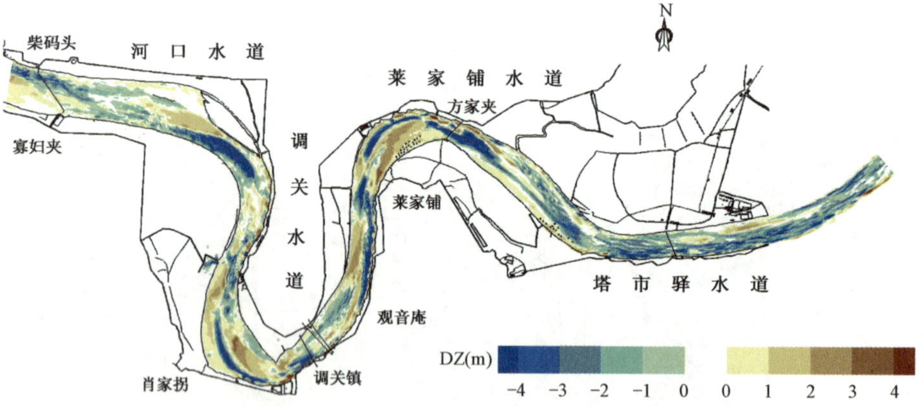

（d）计算 2014.2—2016.1

图 4.5 河道计算冲淤与实测冲淤分布验证

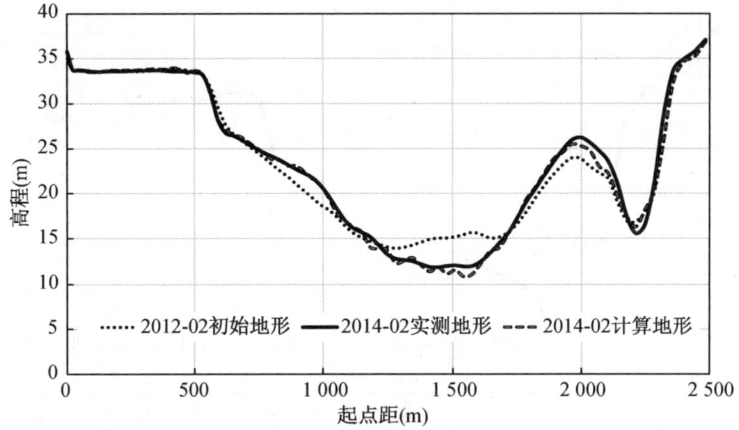

（a）调关弯顶断面

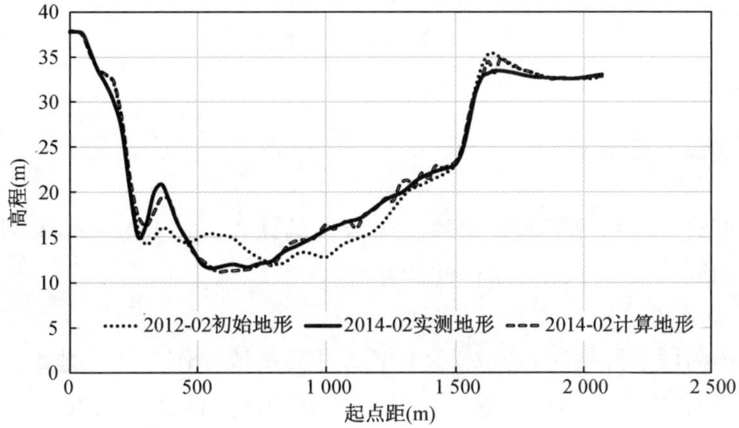

（b）莱家铺弯顶断面

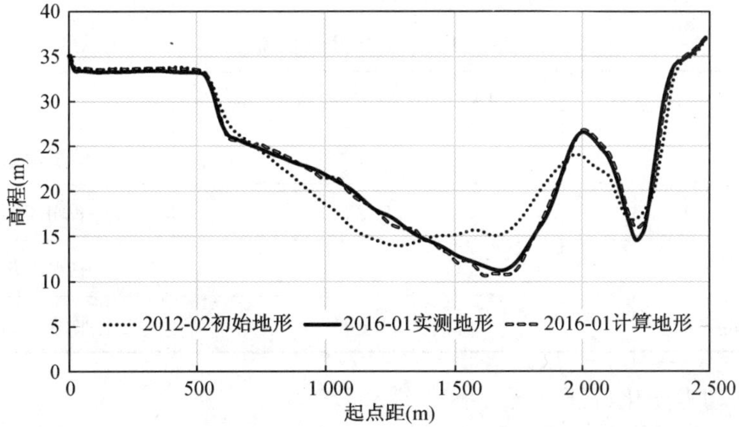

（c）调关弯顶断面

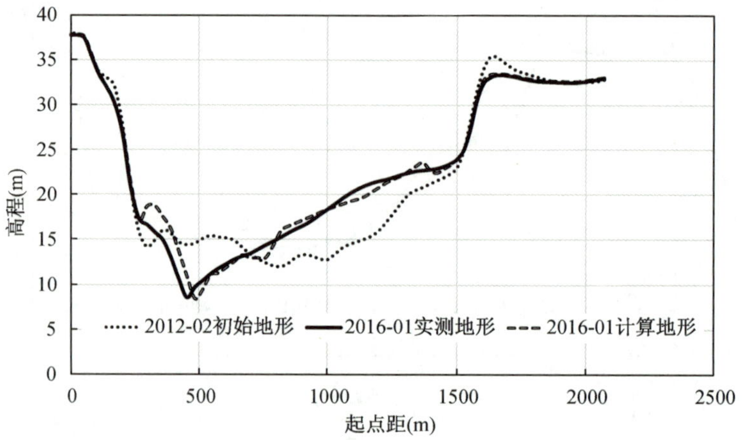

(d) 莱家铺弯顶断面

图 4.6　断面冲淤验证

4.2　弯道水流动力特征

为加深对天然情况下调莱河段水流特性的认识，进行同一地形不同流量及不同地形相同流量下水流运动特性计算。

1. 计算条件

结合本河段实际情况，选取 2014 年 2 月实测地形作为计算地形，对洪中枯在内的 4 级流量进行计算，见表 4.1，重点研究调莱河段在各级流量下主流变化情况。不同地形的水流运动特性计算，分别取 2003 年 2 月和 2014 年 2 月地形，对比相同流量下主流和流速分布的差异。

表 4.1　水流特性分析流量

计算流量(m^3/s)	模型出口(塔市驿)水位(m)	备注
7 280	26.190	枯水流量级
12 600	29.394	平均流量级
20 000	33.939	中水流量级
25 000	34.894	平滩流量级

2. 水动力变化特征分析

调关—莱家铺急弯段由两个反向弯道组成，水流运动呈明显的弯道水流特点，“大水取直，小水傍岸”，小水主流偏靠凹岸，随着流量的增大，动力轴线逐渐取直向凸岸侧移动，见图 4.7。

从三峡蓄水前后，同流量不同地形条件下水动力轴线的变化来看(图 4.8)，在各级流量下，蓄水后水动力轴线均向凸岸摆动 100～250 m，调关弯道的摆动幅度大于莱家铺弯道。水动力轴线的变化，反映了弯道水流和河床地形调整的相互作用和适应。三峡蓄水后，中水作用历时较长，主流区相应向凸岸摆动，主流区的冲蚀现象突出，弯道整体凹淤凸冲，凸岸边滩冲刷后退、面积萎缩；河床调整后，相同流量下主流也向凸岸进一步偏移，见图 4.9。

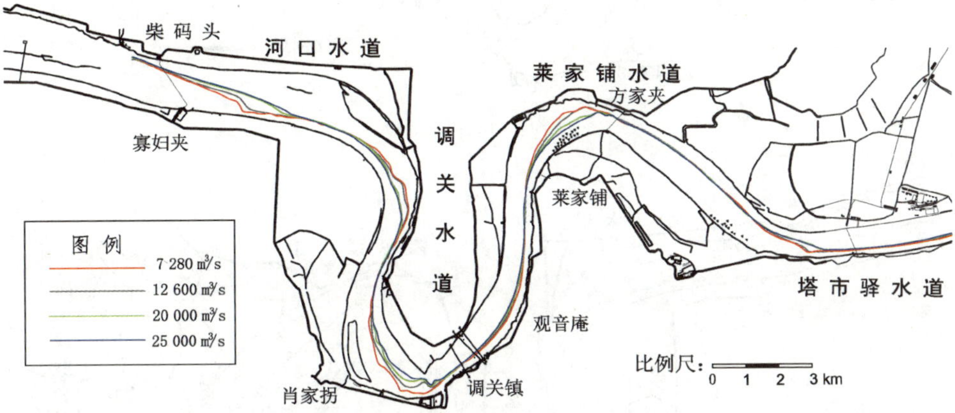

图 4.7　水动力轴线变化

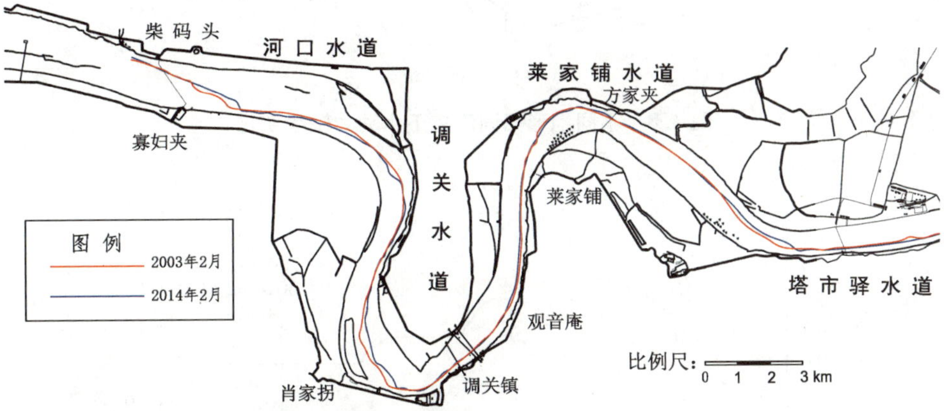

(a) $Q=7\ 280\ m^3/s$

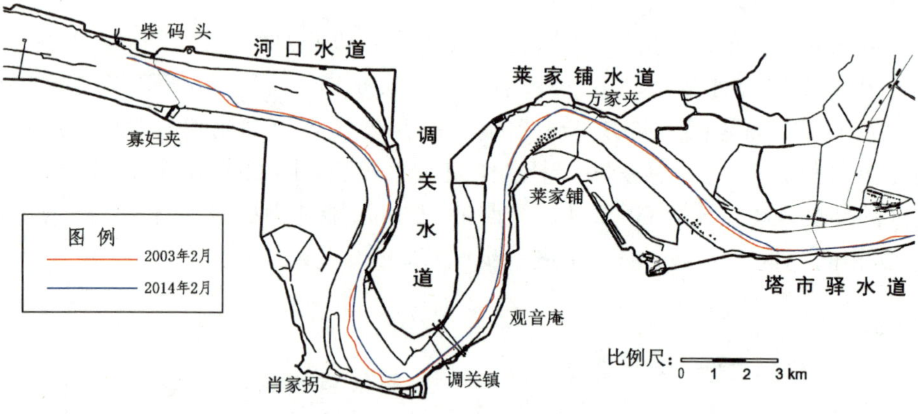

(b) Q=12 600 m³/s

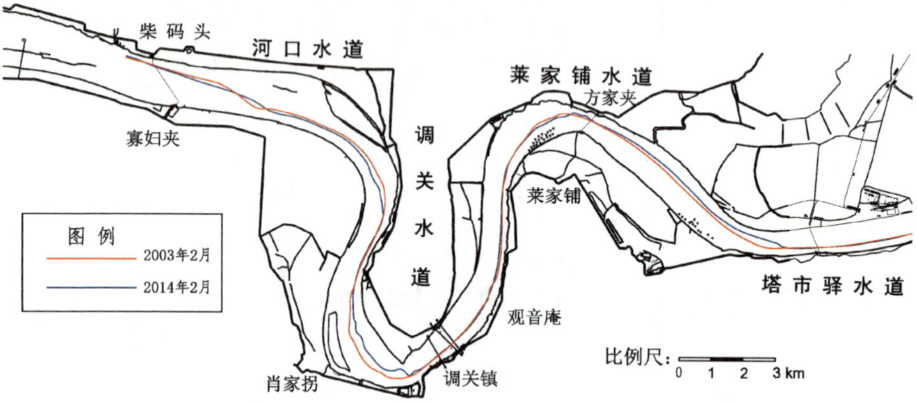

(c) Q=20 000 m³/s

图 4.8　不同地形相同流量下水动力轴线变化

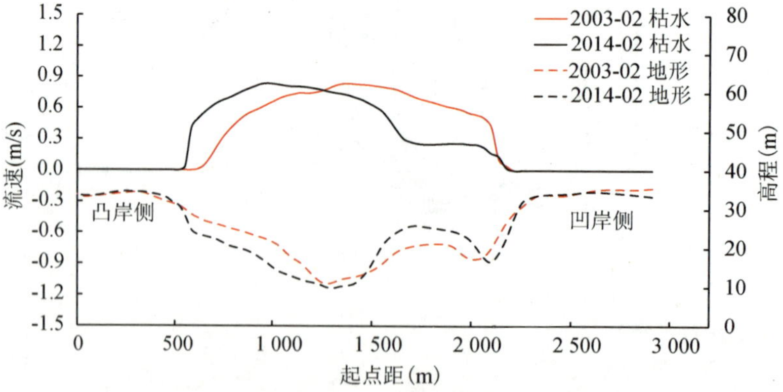

(a-1) 调关弯顶断面流速分布(流量 7 280 m³/s)

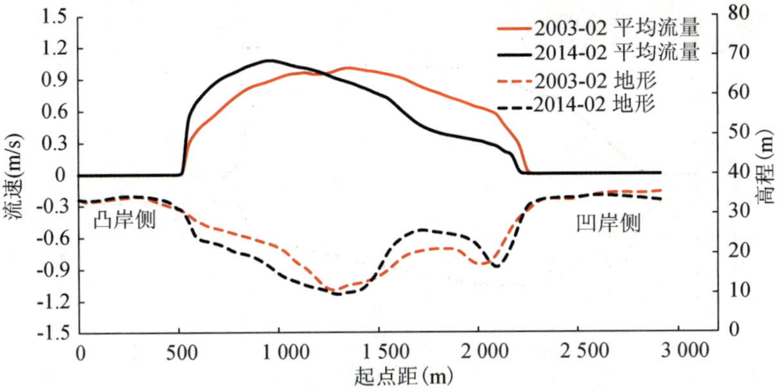

（a-2）调关弯顶断面流速分布（流量 12 600 m³/s）

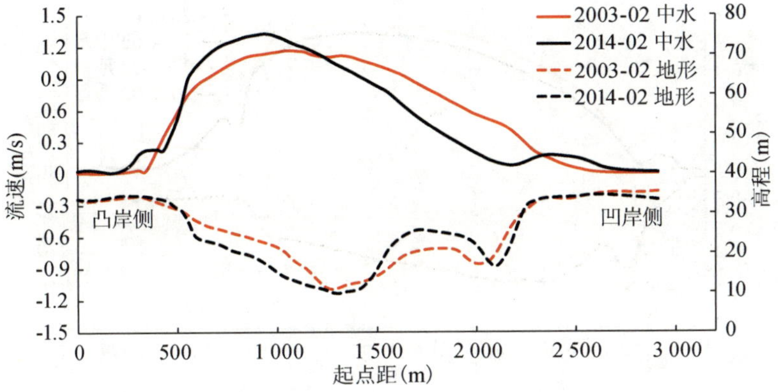

（a-3）调关弯顶断面流速分布（流量 20 000 m³/s）

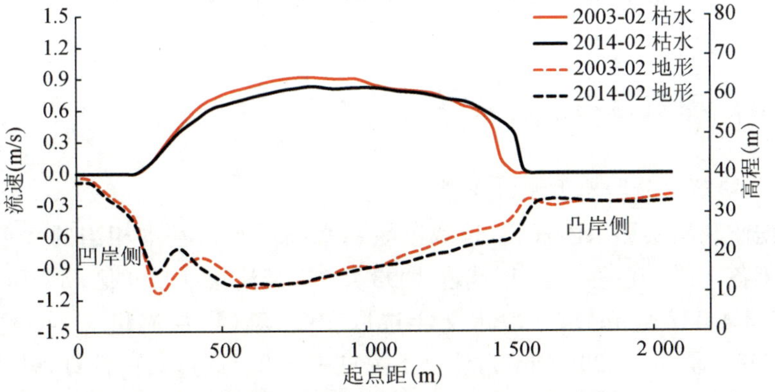

（b-1）莱家铺弯顶断面流速分布（流量 7 280 m³/s）

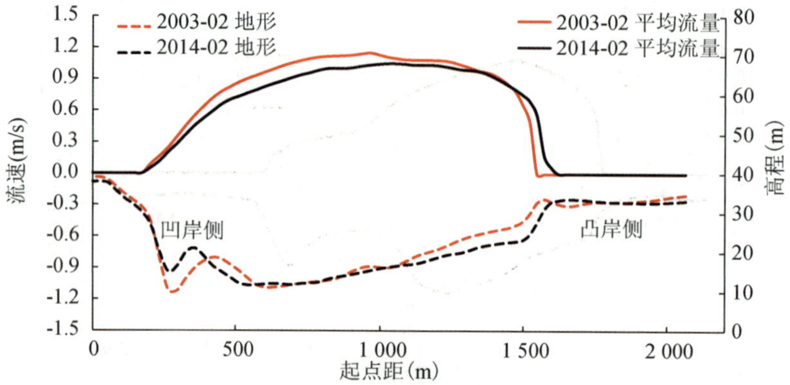

(b-2) 莱家铺弯顶断面流速分布(流量 12 600 m^3/s)

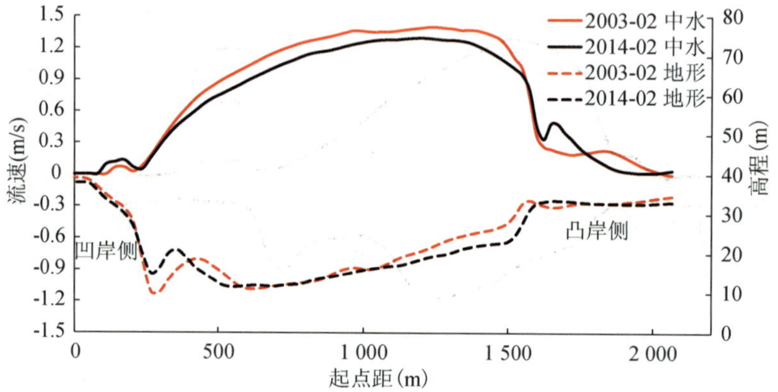

(b-3) 莱家铺弯顶断面流速分布(流量 20 000 m^3/s)

图 4.9　不同地形相同流量下典型断面流速分布变化

4.3　弯道冲淤与水沙及边界的关系

1. 三峡蓄水前后典型水沙条件

根据监利站实测水沙资料，选取三峡蓄水前后水量基本相当的大水年和一般水文年各 1 组，其中，大水年选取 1993 年(年径流量 4 069 亿 m^3)和 2012 年(年径流量 4 037 亿 m^3)，一般水文年选取 1994 年(年径流量 3 240 亿 m^3)和 2011 年(年径流量 3 329 亿 m^3)，计算工况见表 4.2。通过对比计算，研究相同地形不同水沙过程以及相同水沙过程不同初始地形的河道冲淤变化，分析水沙因子变化对弯曲河段河床冲淤的影响和作用机理。

表 4.2　河床冲淤计算工况

编号	地形	典型年	备注
1-1a	2003 年 2 月	1993	结合 2-1a、2-2a，分析不同初始地形，相同水沙过程
1-2a	2003 年 2 月	1994	
2-1a	2016 年 2 月	1993	大水年，相同初始地形，不同水沙过程
2-1b		2012	
2-2a	2016 年 2 月	1994	一般水文年，相同初始地形，不同水沙过程
2-2b		2011	

2. 河床冲淤对河道边界的响应

河床演变是泥沙运动的反映，泥沙随水流运动，水流受地形边界约束而形成不同的断面流速分布，从而导致泥沙冲刷和淤积的差异，即相同水沙条件在不同初始地形上最终形成的冲淤分布也有所不同。

由图 4.10 可以看出，初始地形为三峡蓄水前地形时（工况 1-1a），调关和莱家铺弯道凹岸侧大幅冲刷，冲刷主要集中在弯顶及上下游附近，凸岸侧淤积；初始地形为近期 2016 年地形时（工况 2-1a），受地形调整影响，水动力轴线向凸岸侧摆动，主流不贴靠凹岸，使得与工况 1-1a 相比，凹岸侧冲刷范围和幅度均有所减小，冲刷部位向河心偏移，水流顶冲点下移，冲刷范围也整体向下游偏移。

综上，通过对比发现地形边界的调整约束对河道冲淤变化影响较为明显，相同水沙条件下，与初始地形为蓄水前地形的情况相比，在近期地形上，冲刷部位由凹岸侧向河心及下游方向偏移，冲刷范围和幅度也有所减小。

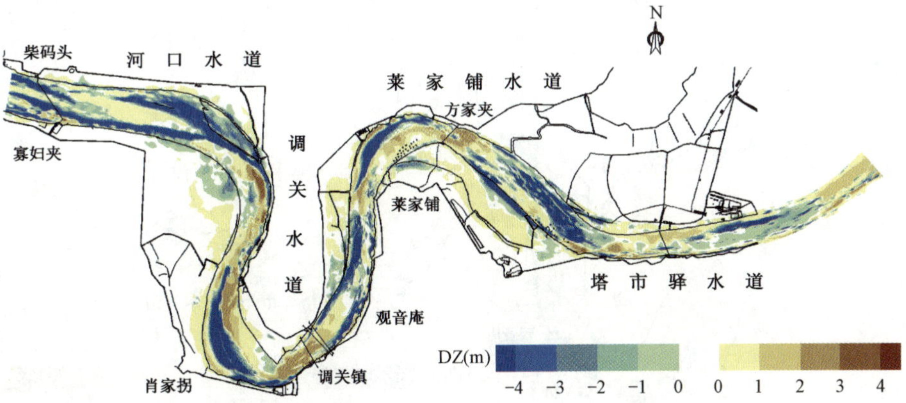

(a) 典型年冲淤（1-1a，水沙 1993 年，地形 2003 年 2 月）

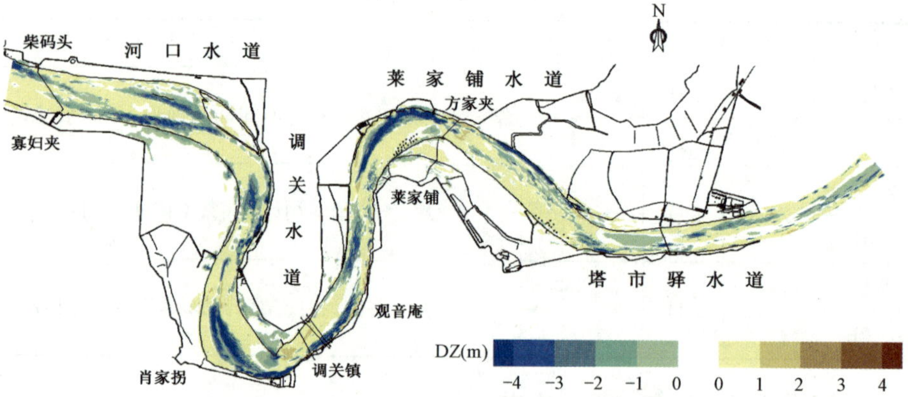

(b) 典型年冲淤(2-1a,水沙 1993 年,地形 2016 年 2 月)

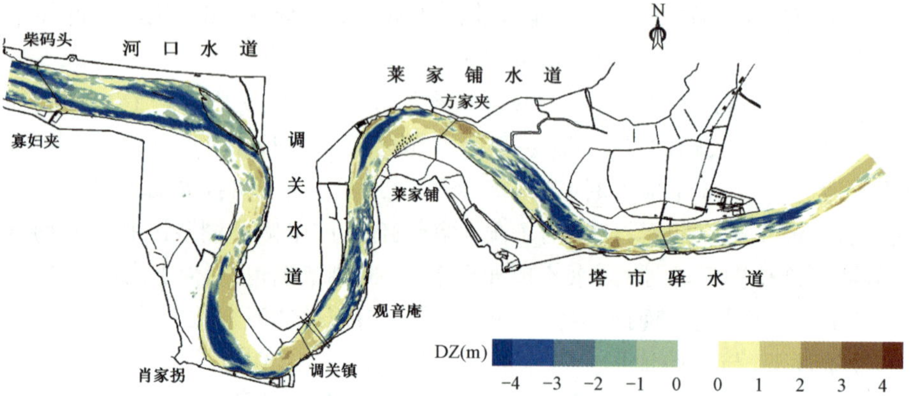

(c) 典型年冲淤(1-2a,水沙 1994 年,地形 2003 年 2 月)

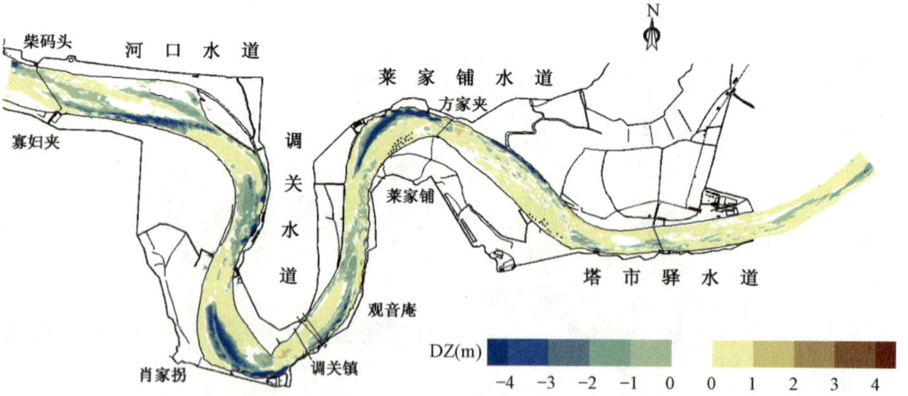

(d) 典型年冲淤(2-2a,水沙 1994 年,地形 2016 年 2 月)

图 4.10 相同水沙不同初始地形条件下的冲淤对比

3. 河床冲淤对水沙因子的响应

由图 4.11 可以看出，不同水沙作用下，河床冲淤特点如下：

(1) 与蓄水前相比，在三峡水库削峰平谷调蓄作用下，洪峰流量减小枯水流量增大(表 4.3)，造床能力有所减弱，河道冲淤幅度相应减小；

(2) 从冲淤部位来看，在蓄水前水沙作用下，枯水和洪水流量持续时间较长，"小水傍岸大水取直"，弯道段平面呈凹冲凸淤；蓄水后，中水流量持续天数较多，大沙年份中水主流区域冲刷明显，弯顶附近河心位置冲刷、凹岸和凸岸侧均有所淤积，弯顶下游受水流顶冲作用大幅冲深；小沙年份弯道段以冲刷为主，弯道出口段淤积。

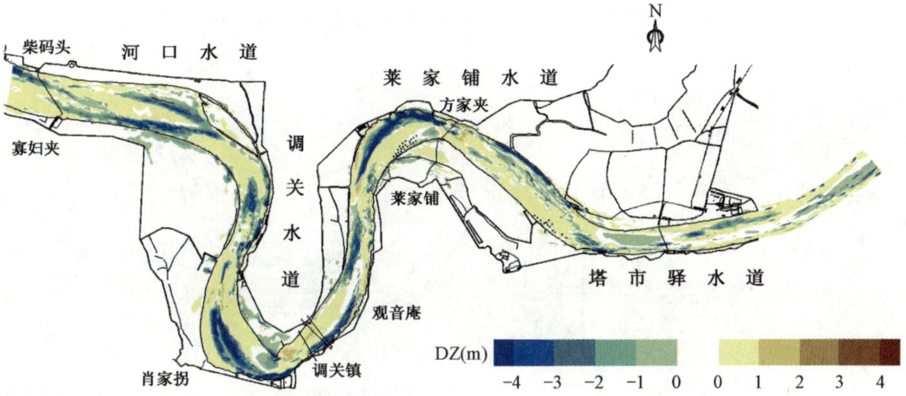

(a) 典型年冲淤(2-1a，水沙 1993 年，地形 2016 年 2 月)

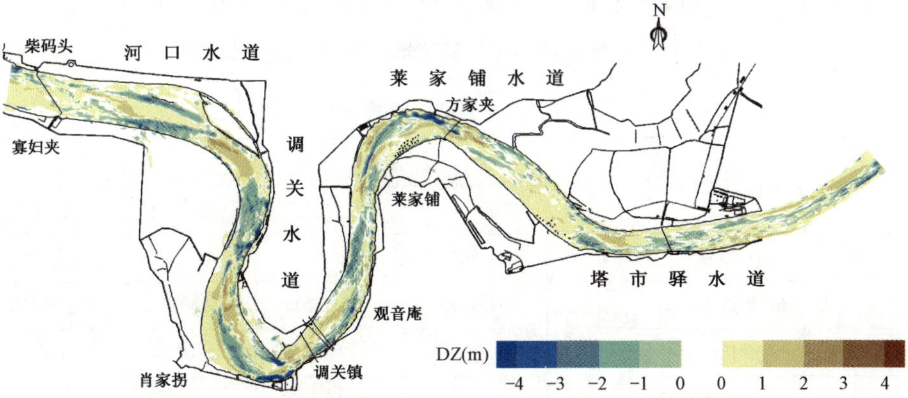

(b) 典型年冲淤(2-1b，水沙 2012 年，地形 2016 年 2 月)

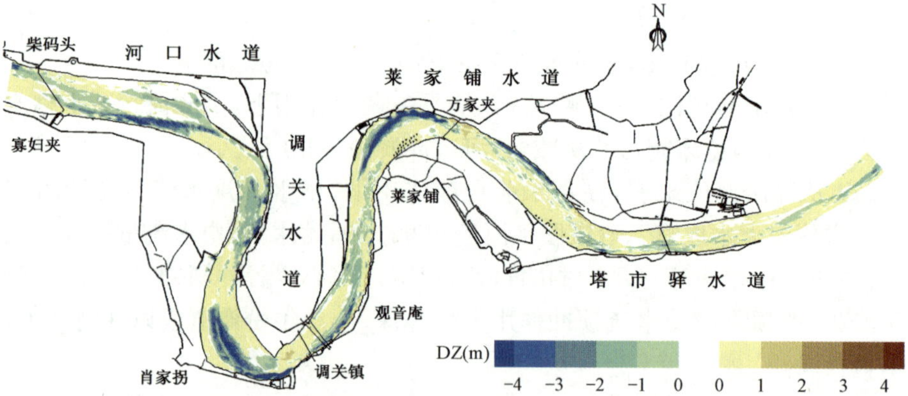

(c) 典型年冲淤(2-2a,水沙 1994 年,地形 2016 年 2 月)

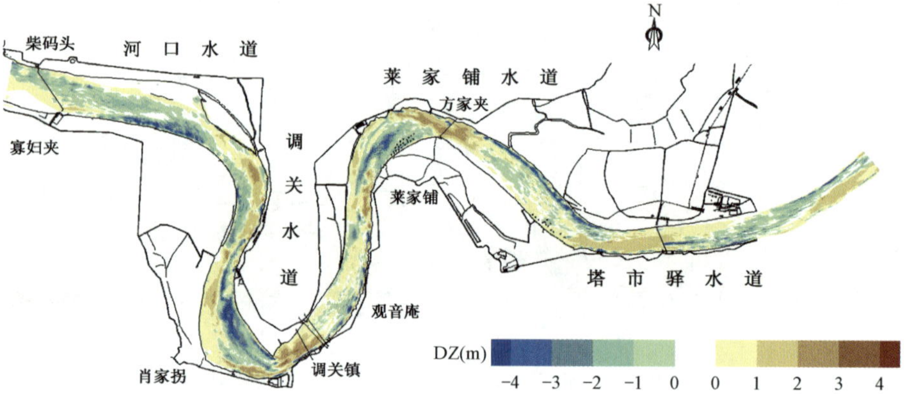

(d) 典型年冲淤(2-2b,水沙 2011 年,地形 2016 年 2 月)

图 4.11 不同水沙和相同初始地形条件下的冲淤对比

表 4.3 各典型年流量统计

Q 流量(m^3/s)	大水年		一般年份	
	1993 年	2012 年	1994 年	2011 年
最小流量	3 400	6 200	3 430	6 180
最大流量	38 000	35 100	29 000	22 800
≤6 000	89	0	98	0
6 000<Q≤10 000	84	179	119	217
10 000<Q≤20 000	119	132	126	134
20 000<Q≤30 000	50	36	22	14
>30 000	23	19	0	0
10 000<Q≤30 000	169	168	148	148

4.4 水沙变化对弯道冲淤作用机制

三峡水库蓄水前，下荆江河道平面形态在堤防及护岸工程制约下，内部滩槽格局发生冲淤调整，但从长期来看弯道段总体相对平衡；三峡水库蓄水后，水文泥沙条件发生较大变化，新的河床边界是经过水流泥沙与河床长时间的相互作用而被塑造调整的结果，新的地形趋于适应新的水沙条件，从一个较长的时间阶段来看，地形对水沙的调整约束作用也趋于明显。

1. 水沙因子变化分析

下荆江的水沙主要来源于宜昌以上长江干支流，其间虽有清江汇入，但径流占比很小，故可采用距离调关—莱家铺弯道段较近的监利站水沙资料反映该段来水来沙情况。三峡工程蓄水运用后，下游河道径流年内分配与蓄水前相比主要表现为：枯水流量增加、中小水持续时间加长；汛期来水比例有所减小、洪峰流量削减、中高水持续时间有所减少。输沙量变化与径流量年内分配规律类似，如监利站输沙量汛期来沙比例稍有减少，但主汛期比例稍有增加。蓄水前(1951—2002 年)平均汛期输沙量占全年的 90.2%，主汛期输沙量占全年的 65.9%，蓄水后汛期输沙量占全年的 87.9%，而主汛期的输沙量占全年的 68.8%(图 4.12)。

三峡蓄水后，来沙减少，漫滩水流侵蚀滩面；水库调度削峰平谷，中水持续时间增长，水动力轴线向凸岸靠拢，边滩冲刷萎缩，弯曲半径增大。相关研究表明，下荆江平滩流量为 25 000 m^3/s，枯水河槽塑造流量为 6 000 m^3/s。当流量小于 6 000 m^3/s，水流归槽冲刷主河槽；当流量在 6 000～25 000 m^3/s 水流作用在凸岸边滩和枯水河槽；当水流大于 25 000 m^3/s，对全断面有强塑造作用。受三峡水库调度影响，年度最大流量呈下降趋势，年度最小流量有所增大，近几年，最小流量低于 6 000 m^3/s 的年份很少，流量主要集中在 6 000～25 000 m^3/s 流量之间(图 4.13)。

三峡蓄水调控后，水流过程的变化使不同流量作用在凸岸、凹岸的历时也相应发生变化。中水作用历时增长，水流弯曲半径小于河弯弯曲半径，凸岸边滩受主流作用时间较凹岸深槽大幅延长，加大了凸岸边滩的冲刷动力；与此同时，主流带与凹岸之间的回流使凹岸发生淤积。随着河道冲淤变化，床沙表现出一定程度的粗化趋势，而床沙粗化也会使由冲刷来补给的悬移质粒径必然变粗。从床沙组成来看，监利站小于 0.125 mm 沙量大量被清水冲刷，粒径在 0.125～0.250 mm 之间的床沙沙量略有冲刷。根据监利站悬移质级配实测资料，平均粒径由 0.06 mm 增大为 2015 年的 0.17 mm，悬移质级配粗化明显，其中，$d>0.25$ mm 粒径泥沙虽然所占比重不大，但蓄水后该粒径占比增速最大，0.125～0.25 mm 粒径的泥沙占 30%左右，整体上占比略有减少，$d<0.125$ mm 粒径泥沙减少最快，由最初的 80%减小至 2015 年的 40%左右(图 4.14)。

泥沙来源和组成改变了凹岸、凸岸的恢复和淤积幅度。弯道段高水时深槽落淤，低水时滩体落淤，边滩泥沙组成比主河槽细。三峡蓄水后，细颗粒泥沙大幅减少，直接影响凸岸边滩冲刷恢复，而床沙质补给恢复情况较好，粗颗粒泥沙则为水下潜洲的淤积提供了泥沙来源。

总体来看，水沙条件变化是三峡蓄水后弯道段河床冲淤变化的根本性因素，在年内径流过程和输沙变化的双重作用下，下荆江弯道段凸冲凹淤的现象普遍出现。

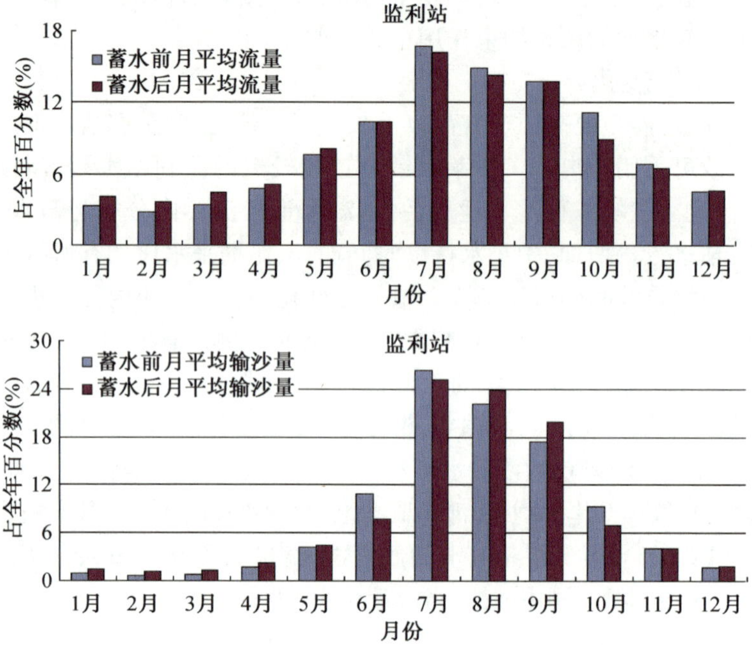

图 4.12　三峡蓄水前后监利站月均流量、输沙量年内分配对比

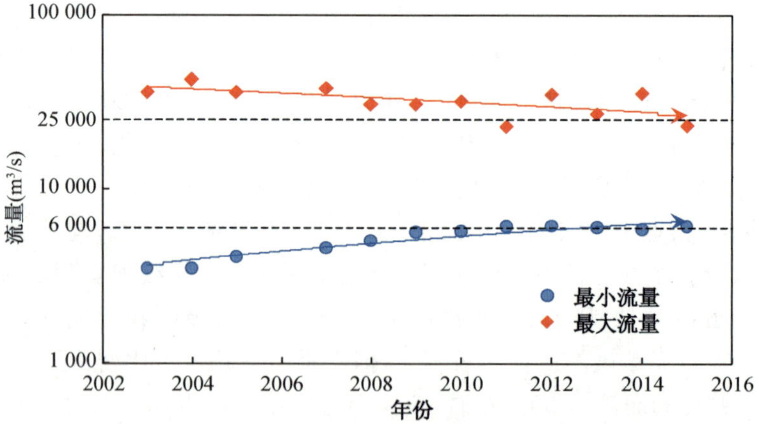

图 4.13　三峡蓄水后年度最大最小流量统计

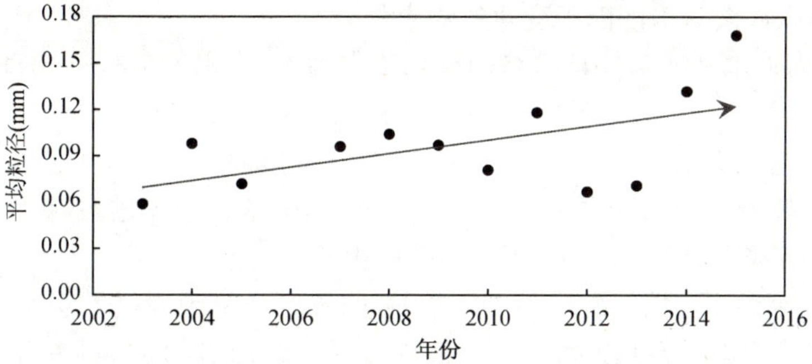

（a）年均悬移质平均粒径变化

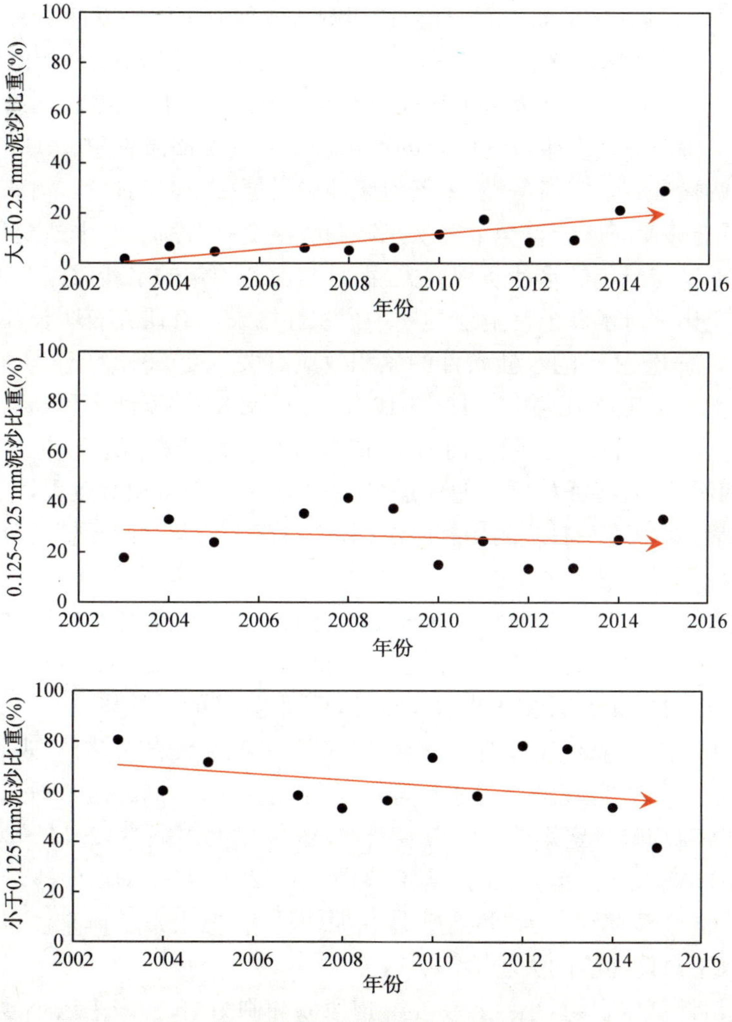

（b）悬移质中各粒径组的比重变化

图 4.14　三峡蓄水后监利站悬移质逐年变化

2. 河床冲淤对水沙因子变化的响应分析

河道内来水来沙条件是河势调整的决定性因素，水库运行方式直接影响下游来水来沙条件，河床冲淤调整亦随水库运行调度而相应调整。

(1) 河道冲淤调整在水库蓄水初期，库区拦蓄大量泥沙、下泄沙量大幅减少，虽然洪峰调减动力减弱或有利于泥沙淤积，但沙量减少过多，在水沙综合作用下，下游河道总体冲刷为主、平滩河槽面积随之增大。

随着清水下泄，坝下游河段河床长时间、长距离呈现冲刷下切态势，部分河段深泓线平面摆动幅度较大。从 2003 年 2 月—2012 年 2 月，调关 T-3 断面平滩河槽面积统计来看，河槽面积增大约 13.5%，莱家铺弯顶断面 T-6 河槽面积增大约 8.7%，虽然从平面来看弯道段“凹淤凸冲”，但总体仍以冲刷为主。

(2) 但坝下河床冲淤在一定时段内受水库调度(尤其增大泥沙出库的调度)影响较大。一旦库区泥沙大量下泄(2012 年三峡进行了库尾减淤调度出库沙量骤增)，坝下游河道会发生较为明显的冲刷缓解和局部回淤现象。

河床调整具有一定滞后性，由于河床冲淤需要一个时间过程，河床短时间的调整，并不能够使河床调整至平衡状态，因此，演变一般滞后于水沙变化，也就是河床演变不仅与当年的水沙条件有关，而且与前若干年的水沙效应有关，也可以认为河床变化是对水沙条件响应的一个累积性结果。有研究表明长江河道冲淤调整一般与前 2～4 a 的水沙条件的累积效应有关。受 2012 年、2013 年库区下泄沙量较大的影响，2012 年 2 月—2016 年 1 月，调关、莱家铺弯顶断面河槽面积分别减小约 3.2%、7.1%，同时河道平面呈现出“凹冲凸淤”现象，与 2003—2012 年冲淤“凹淤凸冲”特征相反。尤其是 2012 年水量和沙量相对较大，中水主流区域冲刷明显，而弯道左右两侧均有所淤积，这与蓄水前“凹冲凸淤”的分布仍有一定差异。

(3) 随着三峡上游水库群的逐步蓄水运行，三峡水库出库沙量进一步大幅减少，坝下河道来沙也相应减少，河道冲刷仍将继续，断面淤积不可持续，预计弯道段仍将复演“平面上凹淤凸冲，断面总体冲刷为主”的大趋势。

自 2013 年后，金沙江鲁地拉、雅砻江锦屏一级、金沙江溪洛渡、观音岩、向家坝、嘉陵江亭子口、乌江沙沱等水库陆续运行，上游水库群的运行对三峡坝下出库泥沙及径流均有一定影响，尤其出库沙量进一步大幅减少，2014—2017 年，出库沙量在 0.034 亿 t～0.104 亿 t，仅约为 2008—2013 年平均出库沙量的 1/5(图 4.15)。上游来沙减少，沿程虽有恢复和泥沙补给，但未来总体来沙量维持在较低水平，坝下总体冲刷的大趋势不会改变。

从数值计算也表明，小沙年份在弯道段以冲刷为主，在未来以小沙年为主的情况下，冲刷仍为主要趋势。

(4) 虽然从长期调整来看，坝下河道整体冲刷的趋势不会改变，但水库调度可以在一定时段内下泄库区泥沙，库区拉沙能够在一定程度和一定时间内干扰坝下河道冲刷调整的态势，减缓冲刷态势，甚至局部出现一定幅度的恢复淤积现象。

总体来看，从沿时空分布看，荆江河段冲刷经历了冲刷—趋缓—冲刷加剧的过程。蓄水运用后前三年冲刷强度较大，占蓄水以来平滩河槽总冲刷量的29%；2005年10月—2006年10月、2006年10月—2008年10月，河床冲刷强度有所减弱；三峡水库进入175 m试验性蓄水阶段以来（2008年10月—2017年11月），总体看河床冲刷又有所加剧，占蓄水以来平滩河槽总冲刷量的65%。

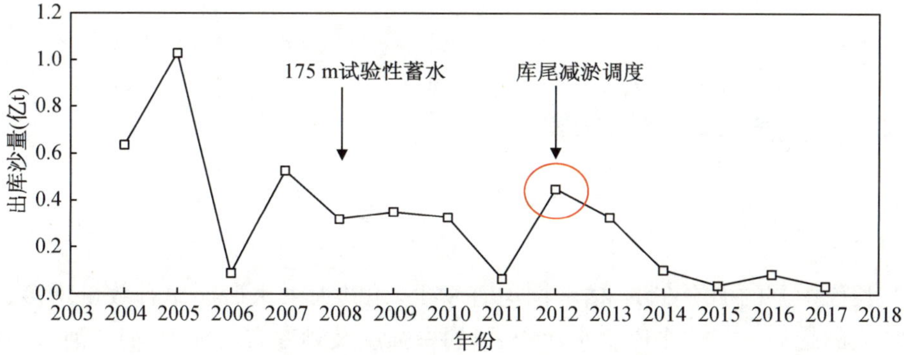

图 4.15　三峡水库出库沙量历年变化

第五章

长江中下游崩岸调查分析

5.1 中下游河道崩岸调查

5.1.1 中游崩岸现状

长江中游的崩岸在洪、枯水期均有发生，尤其大洪水后崩岸有数量增多、强度增大的趋势。三峡水库蓄水运用后，崩岸强度及频率有所加大，荆江河段河道大幅冲刷，冲刷部位主要发生在枯水河槽，导致岸坡向陡峻方向发展，崩岸强度及频率均有所加大。据统计，宜昌—枝城段崩岸累计叠加长度约占岸线总长度的 5.9%，上荆江段崩岸累计叠加长度约占岸线总长度 10.8%，下荆江崩岸累计叠加长度约占岸线总长度的 14.9%。可见，荆江段是长江中游崩岸现象发生较多的河段，故以下重点讲述荆江段的崩岸情况和特点。

1. 崩岸的范围和强度有所加大，已护和未护岸线均有崩岸现象发生

根据相关统计，三峡水库蓄水前，荆江河段年均发生崩岸 15 处，长度 6 560 m。三峡水库蓄水运用后，荆江河段年均发生崩岸 26 处，长度 17 380 m，崩岸频率及强度都有加大趋势。2003 年 6 月以前，崩岸主要发生在自然岸段，多以窝崩和条崩的特征形式出现；2003 年 7 月—2012 年 8 月，长江中游河道崩岸主要发生在已护岸段，多以挫崩的特征形式出现。崩岸主要发生在上荆江、下荆江、岳阳、陆溪口、嘉鱼、簰洲湾等河段，这些河段的崩岸范围累计叠加总长度约 122.3 km，约占长江中游河道崩岸范围累计叠加总长度的 79.7%；长江中游河道崩岸范围累计叠加总长度约 155.4 km，约占岸线总长度的 8.3%。其中左岸崩岸范围累计叠加总长度 65.4 km，右岸崩岸范围累计叠加总长度 90 km。

2003 年 6 月三峡水库蓄水运用以来，位于坝下游的长江中游河道的来沙量大幅度减少，引起该河段出现了自上而下的冲刷调整，荆江河段冲刷调整较为剧烈。河道演变的特点主要表现为枯水河槽冲刷较为严重，弯道近岸深槽向下游

冲刷发展，熊家洲、七弓岭、观音洲等弯道凹岸护岸工程末端及其下游未护岸段河岸崩塌较为剧烈；新沙洲、八姓洲、七姓洲等凸岸边滩汛期遭冲刷切割，出现明显的“撇弯切滩”现象。其中，上荆江的林家脑、腊林洲、文村夹、南五洲、茅林口以及下荆江的北门口(下段)、北碾子湾末端至柴码头、中洲子(下段)、铺子湾(上段)、天字一号(下段)、杨岭子、八姓洲西侧沿线、七姓洲西侧(下段)、观音洲末端等处发生新的崩岸险情。已实施的护岸工程多处发生损毁现象，如上荆江的七星台、学堂洲以及下荆江的北碾子湾、金鱼钩、连心垸、中洲子(中段)、新沙洲(下段)、铺子湾(中段)、团结闸、姜介子、荆江门、七弓岭(下段)、观音洲(中段)等(图 5.1)。

具体而言，河道调整引起新沙洲护岸工程于 2008 年 12 月出现了较大幅度的崩塌现象，两弯之间的顺直过渡段因河床冲刷调整；2004 年 3 月文村夹段出现了较明显的崩岸险情；2005 年 5 月“天字一号”已护工程段的下游未护岸段出现多处崩岸现象；2006 年 5 月北碾子湾已护工程段的下游未护岸段出现多处崩岸现象；2007 年由于乌龟洲右缘岸线的大幅度崩塌，其下游的铺子湾弯道顶冲点大幅度上提；2008 年、2009 年在原平工段的范围内出现了十分严重的崩岸险情，崩岸线接近堤脚；2009 年 5 月南五洲出现了多处崩岸；2010 年汛后八姓洲西侧岸线出现了明显的冲刷崩塌；2013 年北碾子湾岸段出现多处崩岸险情；2014 年监利县孙良洲河段崩岸又进一步发展。

(a) 公安南五洲崩岸

(b) 江陵县沿岸崩岸

(c) 石首北碾子湾已护段崩岸

(d) 监利铺子湾崩岸

图 5.1　荆江段崩岸照片

2. 崩岸发生时间主要在退水期和枯水期

关于崩岸的强度和时间，根据相关荆江段崩岸调查统计资料：上荆江河段的崩岸特征主要是弱崩、少量的较强崩和强崩，1980 年 9 月—1998 年 8 月、1998 年 9 月—2003 年 6 月、2003 年 7 月—2012 年 8 月的 3 个时期，上荆江河段崩岸累计总长度分别为 34 455 m、20 578 m、39 078 m(表 5.1)，崩岸年平均长度分别为 1 914.2 m、4 116 m、4 342 m；下荆江河段的崩岸特征主要是弱崩、较强崩、强崩和剧崩，1980 年 9 月—1998 年 8 月、1998 年 9 月—2003 年 6 月、2003 年 7 月—2012 年 8 月的 3 个时期，下荆江河段崩岸累计总长度分别为 216 265 m、40 505 m、104 364 m(表 5.1)，崩岸年平均长度分别为 12 015 m、8 101 m、11 596 m。三峡蓄水后崩岸长度均较蓄水前有所增加，同时，上、下荆江河段崩岸发生的时间均主要在退水期与枯水期的 9 月至次年 4 月。

3. 三峡蓄水后，长江中游崩岸以已护岸段崩塌为主

长江中游河道崩岸以自然岸段崩塌为主转变为以护岸段崩塌为主，主要原因为：①随着长江中游河(航)道整治工程与护岸工程的不断实施，其险工险段及对河势控制起作用的岸段基本实施了护岸工程，过去常发生崩塌的岸段基本受到护岸工程保护，崩岸强度、频次逐渐减轻，但实施护岸工程也是动态工程，存在安全运行周期，而且近岸河床变形对护岸工程的安全运行也会带来直接影响；②三峡水库运用后，进入水库下游的泥沙大幅度减少，粒径也明显变细，河道总体出现累积性冲刷，近岸河床冲刷也因此而加剧，部分河段近岸岸坡变陡，坡比增大，岸坡稳定性降低，加速了崩岸的发生，以往实施护岸工程没有考虑三峡工程运行导致的下游河道冲刷对河道岸坡稳定所带来的不利影响。三峡水库运用以来，长江中游河道尤其是荆江河道已护岸段出现崩岸增加的现象与河道累积性冲刷有关。与此同时，长江中游部分河段河势的调整也引发了崩岸加剧的现象，如荆江石首河段的北门口，北碾子湾及八姓洲西侧、七姓洲部分岸段等。

表 5.1 荆江河段崩岸范围统计

部位	统计期间	崩岸累计总长度(m)	弱崩		较强崩		强崩		剧崩	
			长度(m)	百分比(%)	长度(m)	百分比(%)	长度(m)	百分比(%)	长度(m)	百分比(%)
上荆江	1980年9月—1998年8月	34 455	32 537	94.4	1 178	3.5	740	2.1		
	1998年9月—2003年6月	20 578	19 118	92.9	1 460	7.1	—	—		
	2003年7月—2012年8月	39 078	39 078	100	—	—	—	—		

续表

部位	统计期间	崩岸累计总长度(m)	弱崩		较强崩		强崩		剧崩	
			长度(m)	百分比(%)	长度(m)	百分比(%)	长度(m)	百分比(%)	长度(m)	百分比(%)
下荆江	1980年9月—1998年8月	216 265	139 255	64.4	36 130	16.7	22 610	10.5	18 270	8.4
	1998年9月—2003年6月	40 505	18 430	45.5	16 615	41.0	2 610	6.4	2 850	7.1
	2003年7月—2012年8月	104 364	75 050	71.9	29 314	28.1	—	—	—	—

5.1.2 下游崩岸现状

重点对安徽、江苏河段的崩岸现状进行分析。

(1) 清水下泄，崩岸潜在风险有所加大，已护和未护岸线均有崩岸现象发生。

近年来，长江安徽段现有崩岸 76 处，崩岸区总长度 418 km。江苏段两岸崩岸险工 60 多段(处)，20 世纪 50 年代至今，有记录的崩岸次数达 267 次，累计坍失土地 350 km^2，坍失集镇 51 个，其中 1951—1960 年 14 次，1961—1970 年 3 次，1971—1980 年 18 次，1981—1990 年 58 次，1991—2000 年 116 次，2001—2015 年 58 次。

(2) 崩岸的类型主要有条崩、窝崩及洗崩，其中江苏段以窝崩为主。

长江中下游崩岸类型主要有条崩、窝崩及洗崩。以 2003 年至今安徽段崩岸来分析，崩岸以条崩、窝崩为主，一般在同一崩岸区既有条崩又有窝崩；江苏段主要以窝崩为主。近年长江安徽段崩岸类型见表 5.2，江苏段崩岸险工段统计见表 5.3。

(3) 崩岸发生在洪水或退水期，部位主要在弯道及顶冲段。

长江中下游沿岸崩岸段基本为深槽贴岸，主流顶冲段，且崩岸段河岸基本为二元结构，上层为黏土或沙壤土，抗冲性相对较好，下层为细沙或粉沙，抗冲性差，其发生位置主要在：弯曲河道凹岸侧、分汊河道汊道汇流顶冲段、主流深槽贴岸段、受节点矶头挑流水流顶冲段、受水流顶冲的洲滩。

一年内各个时期都有发生崩岸的可能，但崩岸多发生在洪水期以及汛后退水期。洪水期沿岸流速大，有时出现底滩上水、高滩冲刷现象。汛后退水，河堤水位高于河床，出现渗流，影响岸坡稳定。

表 5.2　近年长江安徽段崩岸类型

序号	河段	岸别	堤名	崩岸段名称	崩岸发生时间	崩岸长度(km)	最大崩宽(m)	崩岸形式
1	马垱河段	左岸	同马大堤	江调圩	2008—2011 年	2.2	30～50	条崩、窝崩
2	东流河段	右岸	池州七里湖江堤	东至县	2003 年以来	4.0	10～30	条崩、窝崩
3	官洲河段	右岸	池州广阜圩江堤	东至县	2003 年以来	2.0		窝崩
4	官洲河段	右岸	池州江堤	东至县	2003 年以来	3.0	20～40	条崩
5	安庆河段	左岸	安广江堤	迎江区	2008 年	0.1	10	窝崩
6	太子矶河段	江心洲	铁铜洲	枞阳县	2003 年以来	1.0		条崩、窝崩
7	太子矶河段	右岸	池州秋江圩江堤	贵池区	2003 年以来	6.0	80	条崩、窝崩
8	太子矶河段	左岸	安广江堤	迎江区	2008 年	0.5	20	窝崩
9	太子矶河段	左岸		枞阳县	2013 年	0.1	40	窝崩
10	贵池河段	右岸	池州同义圩江堤	贵池区	2003 年以来	4.5		窝崩、条崩
11	贵池河段	江心洲	长沙洲	枞阳县	2008—2012 年	5.0	20～50	条崩、窝崩
12	贵池河段	江心洲	凤凰洲	枞阳县	2003 年以来	5.0	40～50	条崩、窝崩
13	贵池河段	左岸	枞阳江堤	枞阳县	2012 年	1.1	40	窝崩
14	贵池河段	左岸	枞阳江堤	枞阳县	2010 年以来	3.6	90	条崩、窝崩
15	大通河段	江心洲	和悦洲	铜陵市	2003 年以来	2.5	30～80	条崩、窝崩

续表

序号	河段	岸别	堤名	崩岸段名称	崩岸发生时间	崩岸长度(km)	最大崩宽(m)	崩岸形式
16	铜陵河段	左岸	枞阳江堤	高沿圩	2003 年	2.0		条崩
17	铜陵河段	左岸	无为大堤	青山圩	2003 年以来	2.5		条崩
18	铜陵河段	右岸	铜陵江堤	新民圩	2003 年	0.5		窝崩
19	铜陵河段	江心洲	成德洲	成德洲	2003 年以来	5.0	0～280	条崩、窝崩
20	铜陵河段	江心洲	章家洲	中复兴	2003 年以来	5.0		条崩、窝崩
21	铜陵河段	南夹江	铜陵江堤	南夹江	2003 年以来	13.0		条崩、窝崩
22	铜陵河段	右岸	庆大圩江堤	庆大圩	2011 年	0.2		窝崩
23	黑沙洲河段	江心洲	江心洲	天然洲	2008 年以来	3.6	160	窝崩
24	芜湖河段	江心洲	曹姑洲	曹姑洲	2003 年以来	3.8	30～50	条崩、窝崩
25	芜湖河段	左岸	无为大堤	大拐	2009 年	0.1	100	窝崩
26	芜湖河段	右岸	繁昌江堤	新大圩	2009 年以来	4.0	180	条崩、窝崩
27	马鞍山河段	江心洲	江心洲	彭兴洲—江心洲	2009 年以来	13.5	400	条崩、窝崩

表 5.3　近年长江江苏段崩岸险工段统计

序号	河段名称		险工段名称	位置	长度（km）	坡比	历史崩退情况	工程措施
1	南京河段	新济洲汊道段	新济洲左缘	左缘	5.4	1∶2		新济洲整治工程已实施
			新生洲分水鱼嘴段	洲头及右缘	4.6	1∶2.2	20 世纪 90 年代发生多次崩岸窝崩险情	新济洲整治工程已实施
			铜井段	新济洲右汊右岸	6.4	1∶2	20 世纪末至 21 世纪初发生多次崩岸险情	新济洲整治工程已实施
			七坝段	新潜洲左汊左岸	4.6	1∶1.9	20 世纪 70 年代至今发生多次崩岸险情	整治较早，后期陆续加固
		梅子洲汊道段	大梅段（大胜关—梅子洲）	大胜关右岸，梅子洲头左缘	5	1∶1.5～1∶2	20 世纪末至 21 世纪初发生多次崩岸险情	整治较早，20 世纪 70 年代开始整治，后期加固
			江宁河口	右岸	3.7	1∶1		2015 年列入新济洲河段整治 3.5 km
			浦口段	左岸	8.5	1∶2	20 世纪 50—90 年代发生多次崩岸险情，2007 年发生窝崩，2010 年长江主江堤外严重渗漏管涌	20 世纪 50 年代开始整治，早期采用沉排，后期抛石加固
			下关段	右岸	4.2	1∶2.2	20 世纪 50 年代至今发生多次崩岸险情	20 世纪 50 年代开始整治，早期采用沉排，后期又加固
			94679 部队	右岸	1.2	1∶1.7	2003 年出险，实施应急治理	列入全省崩岸应急治理 1.26 km

续表

序号	河段名称		险工段名称	位置	长度(km)	坡比	历史崩退情况	工程措施
1	南京河段	八卦洲左汊	八卦洲左汊凹岸	左岸	6			列入八卦洲河段整治
			西坝段	左岸	5	1∶2	20世纪60年代至今发生多次崩岸险情，2010年划子口河船闸引航道左侧隔堤距入江口约200 m处发生管涌，形成窝崩	20世纪70年代开始整治
		龙潭水道	三江口段	右岸	7.8	1∶2～1∶3	20世纪80年代，发生多次崩岸险情	20世纪80年代进行整治，2008年三江口出现崩岸
2	镇扬河段	世业洲汊道段	泗源沟以下段	左岸	4.4	1∶2	20世纪90年代，发生多次崩岸险情	已治理长度4.4 km，镇扬三期新护2.8 km，加固1.2 km
			外(公记)段	右岸	2.8	1∶3	2000年前后发生多次冲刷崩塌	崩岸长度2.5 km，治理长度1.8 km
			世业洲头及其左缘	洲体	2.5	1∶1.5	20世纪60年代至70年代，洲头发生多次窝崩险情	镇扬河段三期已安排洲头左缘加固1.05 km，新护1.7 km、世业洲左缘新护8.2 km
			世业洲头及其右缘	洲体	5	1∶2.8	20世纪90年代受水流顶冲后退	已实施较低标准平顺护岸2.4 km，镇扬河段三期已安排世业洲右缘新护2.0 km
			龙门口段	右岸	10.7	1∶1.5	自20世纪60年代至今发生多次崩岸险情，为崩岸险情多发段	已实施护岸8.5 km。镇扬河段三期：新建护岸2.3 km、护岸加固2.95 km

续表

序号	河段名称		险工段名称	位置	长度(km)	坡比	历史崩退情况	工程措施
2	镇扬河段	六圩弯道段	六圩弯道凹岸段	左岸	10.5	1∶1.5	20 世纪 50 年代开始出现崩岸险情	全线已实施平抛和丁坝护岸工程，三期已安排加固 5 号丁坝至沙头河口段 7.2 km
		和畅洲汊道段	沙头河口以下段	左岸	3	1∶2.5～1∶3	20 世纪 70 年代至 90 年代发生多次崩岸	已实施平抛工程 1.1 km，镇扬河段三期已安排加固沙头河口以下 0.8 km
			和畅洲洲头及两缘	洲体	9.4	1∶2	20 世纪 50 年代以来洲头冲刷后退	已实施较低标准平顺护岸 9.4 km，深水航道整治已安排和畅洲左缘护岸工程 6.3 km
			孟家港段	左岸	4.4	1∶2	20 世纪 70 年代以来发生多次崩岸险情，为崩岸险情多发段	河道治理长度 4.4 km，航道护岸加固 3.8 km
3	扬中河段	太平洲分汊段	四圩头	左岸	2			深水航道整治实施
			嘶马弯道	左岸	14	1∶1.5	嘶马弯道段崩岸险情多发段，20 世纪 60 年代至今，发生多次崩岸险情	陆续整治
			杨湾—高港段	左岸	3.7	1∶1.6		—
			丰乐桥段	右岸	3	1∶1.1	20 世纪 80 年代至 90 年代，发生多次崩岸险情	—
			太平洲左缘(二墩港—胜利河年丰河段)	洲体左缘	20	1∶1.8	2017 年 11 月发生崩岸险情	下段已实施低标准治理

续表

序号	河段名称		险工段名称	位置	长度(km)	坡比	历史崩退情况	工程措施
3	扬中河段	太平洲分汊段	永安洲(小明沟—过船港)段	左岸	9.6	1∶2.1	20 世纪 70 年代至 80 年代，发生多次崩岸险情	—
			太平州右汊兴隆弯道段	洲体	7	1∶2.1	—	已实施低标准治理
		砲子洲录安洲分汊段	砲子洲大江侧	洲体	5	局部 1∶1.6	20 世纪 70 年代砲子洲左缘发生崩岸险情	已实施低标准治理
			夹江砲子洲左缘	洲体	3.3	1∶2	—	已实较低标准治理
			录安洲头及大江侧	右岸	6.5	1∶1.8	20 世纪 80 年代录安洲左缘及头部冲刷	持续治理
			德胜河—澡港河	右岸	3	1∶1.8	20 世纪 90 年代录安洲右汊发展出现崩岸险情	—
		江阴水道	上天生港段	右岸	1	1∶2.5	—	—
			西界河段	左岸	2	1∶3.1	20 世纪 70 年代至 90 年代，发生多次崩岸险情	—
			下三圩—下四圩段	左岸	3	1∶2.5		—
			炮台圩段(移到澄通河段)	左岸	2	1∶2.8		—

续表

序号	河段名称		险工段名称	位置	长度(km)	坡比	历史崩退情况	工程措施
4	澄通河段	福姜沙河段	福姜沙右汊凹岸段	右岸	6	1∶2～1∶3	20世纪50—70年代,发生多次崩岸险情,以窝崩类型为主	已实施低标准治理
			双山沙	左侧小北五圩	4	1∶1∶108	20世纪末至21世纪初,发生多次崩岸险情,以洗崩类型为主	已实施低标准治理
		双涧沙、民主沙分汊段	六助港—长江农场段	左岸	16	1∶20.8	20世纪80年代,发生多次崩岸险情	已实施低标准治理
			渡泾港—十三圩段(老海坝)	右岸	14.5	1∶7	20世纪60年代至21世纪初期,发生多次崩岸险情,以窝崩类型为主	已整治
		如皋沙群段	如皋中汊又来沙江岸	左岸	3.9	1∶2.7	20世纪90年代,发生多次崩岸险情,以窝崩、条崩为主	已实施低标准治理
			如皋中汊长青沙	西南缘	2	1∶2.9	20世纪80年代、2005年至今,发生多次崩岸险情,以窝崩为主	已整治
			新跃涵洞段	天生港水道左岸	2	1∶5.3		已实施低标准治理
		通州沙河段	通吕河口—龙爪岩段	左岸	10.8	1∶6.6	20世纪80年代及近期2012年发生多次崩岸险情	已实施低标准治理
			东方红农场段	左岸	2		20世纪80年代,发生多次崩岸险情	已实施低标准治理
			福山塘—徐六泾段	右岸	10			已整治

续表

序号	河段名称		险工段名称	位置	长度(km)	坡比	历史崩退情况	工程措施
5	长江南北支	徐六泾河段	徐六泾节点	右岸	7			已整治
		白茆沙河段	新太海汽渡至七丫口段	右岸	19.4	1∶1.3	—	出现新险情
			东方红农场	左岸	2.5			已实施低标准治理
		北支河段	青龙港至大新河段	左岸	10	1∶2.4	20世纪50—80年代发生多次窝崩险情。21世纪初发生多次崩岸险情	已实施低标准治理
			庙港至新村沙头部	右岸	7.1	1∶2.4	—	有新险情
			牛棚港至新跃沙	右岸	5.5	1∶1.9	—	未整治

5.2 岸坡失稳特性分析

5.2.1 宏观认识

1. 已崩岸段、已防护岸段仍发生崩岸

新水沙条件下沿岸深槽继续大幅度冲深，一般达 5 m 以上，护岸坡脚以下继续冲深，护岸段失稳。同时崩岸处深槽向下发展，在已护与未护边界处水流条件发生变化，出现崩岸向下发展的趋势。另外水流顶冲点的位置发生变化，有可能上延或下移，出现新的险工段。

2. 现有河势条件下主要险工段是崩岸易发河段

(1) 汊道分流变化，导致汊道内水动力条件变化，沿岸水动力发生变化，汇流段水动力发生变化，汇流顶冲段发生改变。

(2) 深槽主流摆动，沿岸流速变化，水流顶冲部位发生变化。

(3) 滩槽格局发生变化，心滩、洲滩冲淤消长，滩槽变动。

(4) 分汊格局发生变化，汊道封堵，多汊变少汊或水流切割边滩、洲滩，形成新的分汊。

3. 发展中的汊道段是崩岸易发河段

汊道发展汊道分流比增加，一般发展中的汊道呈冲刷态势，汊道过流增加，流速增大，汊道内冲刷幅度大。长江安徽段虽许多汊道已进行航道整治，但汊道分流仍有可能变化，三峡水库蓄水后变化较明显的汊道有：张家洲，马垱东流、东港，官洲清洁洲，安庆鹅毛洲中汊，贵池长沙洲、新长洲，铜陵成德洲左右汊、黑沙洲中汊、芜湖潜洲右汊，新洲、曹姑洲、陈家洲之间的夹槽。马鞍山何家洲与江心洲夹槽，马鞍山河段小黄洲汊道变化，可见许多汊道仍不稳定。

4. 汊道汇流顶冲段及深泓靠岸段为崩岸易发段

汊道汇流两股水流存在一定交角，汇流段一般河道较窄，受河道形态及汊道之间水流强弱影响，汇流后水流一般不居中而下，而是偏向其中一侧。在水流长期顶冲下，水深岸陡易发生崩岸，另外，汊道分流变化，汇流后顶冲位置有可能发生变化，崩岸段相应有所改变。如发生主支汊易位现象，也可能导致汇流后顶冲位置发生左右岸变化现象。许多汊道汇流段长期处于崩岸险工段状态。如马垱河段江调圩、安庆河段马窝、贵池河段桂家坝、太子矶河段秋江圩。

5.2.2 影响因素

崩岸影响因素十分复杂，影响因素概况为水流动力条件、河床边界条件、人类活动等。结合河道特征，河岸崩塌原因主要有以下几方面：

1. 水流顶冲

长江中下游河段主要为分汊型河段，河段分汊较多，两汊及两汊以上水流的汇合顶冲往往会成为一股强大的主流，而汇流点以下河道一般又多束窄，主流顶冲河岸，引起强烈崩岸。

2. 弯道环流

弯道环流与纵向水流共同形成的螺旋流，使凹岸河床发生冲刷。

3. 来沙条件变化

三峡工程运行后，长江中下游输沙量减幅有 66%～90%，根据水流挟沙力经验公式，清水下泄将导致河道下切，坡脚冲深变陡，滩槽高差加大，岸坡趋于不稳定。

4. 岸坡土质组成

长江中下游河岸地层结构多以二元结构为主，部分为单一沙层结构或多层结构，土质较疏松，抗冲刷能力低，在迎流顶冲、回流及深泓贴岸地段，岸坡稳定性差，较易形成岸坡失稳崩塌。

5. 人为因素

主要包括近岸河床采沙、突出河岸的建筑物对水流的扰动，以及在近岸江滩上附加荷载等。

5.2.3 实例分析

实例 1：虾子沟岸坡失稳分析

1. 崩岸现状

2017 年汛前 4 月 19 日，洪湖长江干堤燕窝虾子沟堤段发现崩岸险情，对应堤防桩号为 413＋250～413＋325，编号为一号崩岸。崩区长约 75 m、最大崩宽约 22 m，离堤脚最近 14 m，崩岸现场情况见图 5.2 所示。为保障洪湖长江干堤度汛安全，湖北省下拨特大防汛经费对该处崩岸实施了长 300 m（对应堤防桩号为 413＋140～413＋440）的应急抢护工程。

2017 年汛后 10 月 27 日～11 月 10 日，虾子沟段又发生了四处崩岸，分别编号为二、三、四、五号崩岸。四处崩岸的特征数据为：二号崩岸发生在 10 月 27 日，对应堤防桩号为 412＋500～412＋605（图 5.3），崩区长约 105 m，崩区最大宽度约17 m，离堤脚最近距离约 80 m。三号崩岸发生在 11 月 8 日，对应堤防桩号为 412＋000～412＋080，崩区长约 80 m，最大吊坎高约 5 m，离堤脚最近距离约 150 m。四号崩岸发生在 11 月 10 日，对应堤防桩号为 410＋000～410＋050，崩区长约 50 m，最大崩宽约 8 m，最大吊坎高约 2 m，离堤脚最近距离约 160 m。五号崩岸发生在 11 月 10 日，对应堤防桩号为 410＋400～410＋428，崩区长约 28 m、最大崩宽约 4 m，最大吊坎高约 1.5 m，离堤脚最近距离约 160 m。

图 5.2　洪湖长江干堤 413＋250～413＋325 段崩岸

图 5.3　洪湖长江干堤 412＋500～412＋605 段崩岸

2017 年 11 月 10 日—2018 年 1 月 20 日，虾子沟段又陆续发生了五处崩塌险情，分别编号为六、七、八、九、十号崩岸。其中，十号崩岸对应堤防桩号为 412＋350～412＋405，崩区长约 55 m、最大崩宽约 6 m；六号崩岸对应堤防桩号为 410＋120～410＋150，脚槽崩塌长 36 m，最大崩宽 6 m，吊坎高 1 m；七号崩岸对应堤防桩号为 409＋800～409＋820，脚槽崩塌长 24 m，最大崩宽 7 m，吊坎高 1.5 m；八号崩岸对应堤防桩号为 409＋600～409＋623(图 5.4)，坡面崩塌长 23 m，崩长24 m、最大崩宽 13 m，吊坎高 3.5 m；九号崩岸对应堤防桩号为 409＋100～409＋200，坡面崩塌长 34 m，脚槽崩塌长 214 m，其中 64 m 坡面有散抛石脚槽损毁。

2. 虾子沟深泓线及断面变化

簰洲湾河段河道主流线出上游嘉鱼河段后在肖家洲—殷家角一带贴岸进入

图 5.4 洪湖长江干堤 409＋600～409＋623 崩岸

簰洲湾河段。由于该河段由一系列的反向弯道组成，主流在弯顶凹岸贴岸，复又过渡到下一个弯道凹岸，平面走向较为复杂。总体看来主流贴岸段稳定在以下部位：进口右岸肖家洲—倒口、左岸姚湖—虾子沟、右岸簰洲镇、左岸东荆河口—新沟、左岸邓家口—老堤角、右岸双窑—居字号一带。在两岸堤防的控制下，近年来簰洲湾河段主流线平面位置总体较为稳定，但上下深槽过渡段间局部有左右摆动（图 5.5）。

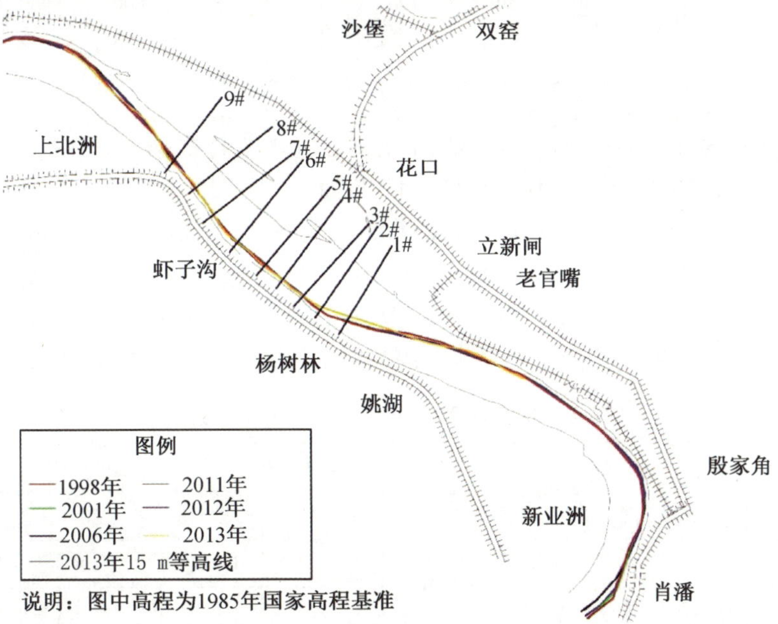

说明：图中高程为1985年国家高程基准

图 5.5 虾子沟段深泓线变化图

总体来看，断面的冲淤变化规律为：

(1) 近岸河床以刷深为主，1# ～9# 断面的最大冲深基本都在 5 m 以上，局部断面的最大冲深更是达到 10 m 以上，比如 4# 断面 1998—2018 年最大冲刷深度达到了 10 m 左右，5# 断面 1998—2018 年最大冲刷深度达到了 13 m 左右，6# 断面 1998—2018 年最大冲刷深度也有 8 m 左右。

(2) 除局部窝崩区域外、岸坡的后退趋势相对不太明显，在所有的断面中，除 4# 断面由于崩岸发生导致岸坡有所后退外，其他断面岸坡 1998—2018 年基本不存在明显冲刷后退的趋势(图 5.6)。

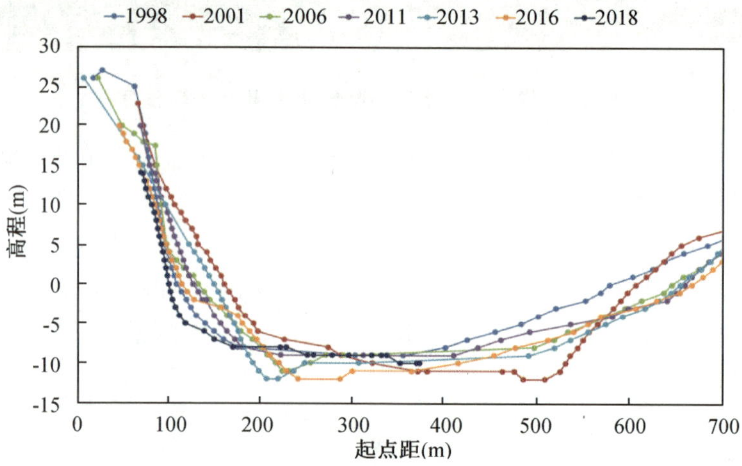

图 5.6　虾子沟段典型断面变化图

表 5.4 为虾子沟段 15 m 高程以下近岸坡比的统计数据。总体而言，该段岸坡坡比趋势性的变化特征不太明显。1# 断面 1998—2018 年坡比逐渐变缓；2# 断面 1998—2018 年坡比明显变陡，至 2018 年坡比达到了 1∶1.85；3# 断面 1998—2018 年变化不大；4# 断面 1998—2018 年逐渐变缓；5# 、6# 断面 1998—2018 年明显变陡；7# 断面 1998—2018 年变化不大；8# 断面 1998—2018 年逐渐变陡，至 2018 年坡比达到了 1∶1.49；9# 断面 1998—2018 年变化不大。

表 5.4　虾子沟段 15 m 高程以下近岸坡比变化

位置	年份						
	1998	2001	2006	2011	2013	2016	2018
1#	1∶4.23	1∶5.73	1∶5.49	1∶5.80	1∶3.49	1∶8.36	1∶7.64
2#	1∶3.53	1∶3.41	1∶2.72	1∶2.91	1∶2.16	1∶3.32	1∶1.85
3#	1∶2.64	1∶2.88	1∶2.99	1∶2.78	1∶3.11	1∶2.87	1∶2.16

续表

位置	年份						
	1998	2001	2006	2011	2013	2016	2018
4#	1∶2.87	1∶3.48	1∶2.68	1∶2.19	1∶3.19	1∶3.05	1∶4.01
5#	1∶5.36	1∶8.16	1∶3.63	1∶3.59	1∶3.35	1∶3.13	1∶3.52
6#	1∶5.29	1∶5.60	1∶3.83	1∶4.24	1∶5.33	1∶4.51	1∶3.69
7#	1∶2.57	1∶3.76	1∶3.10	1∶2.44	1∶3.08	1∶4.17	1∶2.91
8#	1∶2.70	1∶3.18	1∶2.08	1∶2.84	1∶2.00	1∶2.63	1∶1.49
9#	1∶3.92	1∶5.12	1∶4.93	1∶4.27	1∶4.86	1∶5.83	1∶3.18

实例 2:安徽桂家坝岸坡失稳分析

1. 崩岸现状

据统计,长江安徽段现有崩岸 76 处(图 5.7),总长度 418 km。其中左岸崩岸 32 处,崩岸区长 218.2 km;右岸崩岸 28 处,崩岸区长 116.5 km;江心洲崩岸 16

图 5.7　安徽段崩岸现场照片(新大圩)

处，崩岸区长 83.3 km；扣除江心洲崩岸长度后，崩岸长度占岸线总长的 44.3%。2003 年以来，27 处未稳定崩岸段先后发生崩岸，崩岸总长 80.3 km。崩岸较严重的地段有望江县江调圩、枞阳县桂家坝、长沙洲、贵池区秋江圩、芜湖市新大圩、天然洲等处。

枞阳县桂家坝崩岸区位于长江贵池河段左汊出口左岸，对应枞阳江堤桩号 35＋000～37＋300。2012 年以来崩岸持续发生，2015 年 8 月—10 月，此处先后发生 4 处崩岸，威胁防洪工程和群众生命财产安全。

2. 断面变化

贵池河段系首尾束窄中间展宽的多分汊河段，江中长沙洲、凤凰洲将水流分为左、中、右三汊，受进口段主流摆动及汊道阻力变化的影响，河势一直处于变化之中。左汊分流比由 2004 年 29%增至 2011 年 36%，新长洲与长沙洲之间汊道冲刷，水流直接顶冲桂家坝岸坡，引发崩岸（图 5.8）。

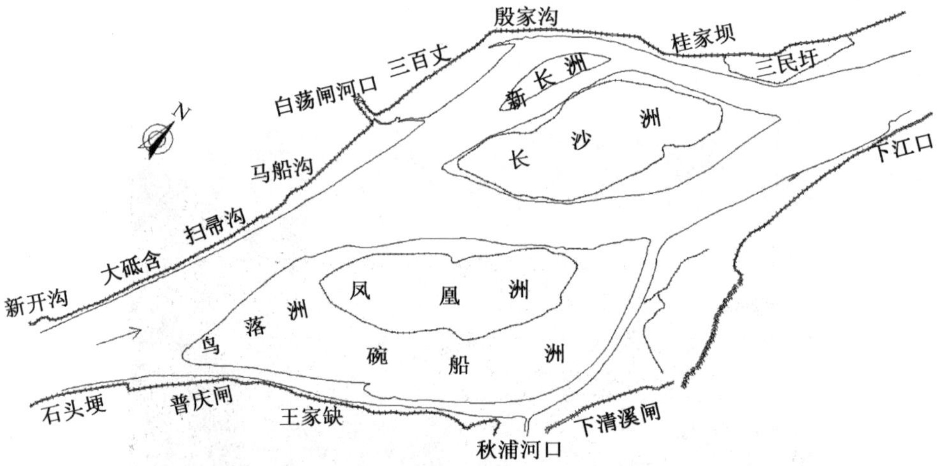

图 5.8　贵池河段河势图

近岸水下地形套绘分析：根据桂家坝崩岸段 2012 年 12 月、2013 年 11 月、2014 年 12 月和 2016 年 3 月水下地形测图套绘分析，2012—2016 年，该段前沿深槽冲刷下移并向近岸发展，−5 m 高程以下岸坡呈逐年冲刷后退态势，岸坡变陡，深槽下切。2016 年较 2012 年，近岸深槽最大下切幅度在 7 m 左右。岸坡逐年呈变陡趋势，近岸平均坡度基本陡于 1∶3，局部陡坡达到 1∶1.5。经现场调查比较，桂家坝崩岸段 0 m 高程以上岸坡均为细粒层河漫滩相，0 m 高程以下为粗粒层河床相。利用边坡稳定程序计算不同工况下稳定性。计算结果表明，岸坡在 1∶2.0 左右时，呈不稳定状态，可能产生崩岸（图 5.9）。

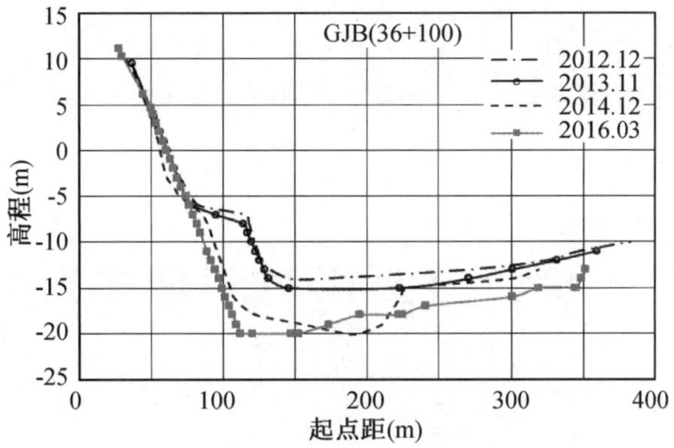

图 5.9　桂家坝崩岸段断面变化图

第六章

弯曲河道水沙动力变化对岸坡稳定作用机制

6.1 试验水槽简介

为研究水沙变化对岸坡稳定作用机制，采用概化水槽进行试验。概化水槽长 40 m，宽 3.5 m，高 0.8 m，底坡 0.1‰，由量水堰、引水渠、进口前池、弯道试验段，沉沙池和回水渠道等组成。

选取了长江中游典型弯道段进行地形概化，结合弯道段实际地形特点，进口段基本为梯形断面，弯道段断面呈不对称的 V 形，凹岸侧为深槽，弯道出口段断面基本呈梯形。水槽边坡凹岸侧为 1∶2～1∶3.5，凸岸侧采用 1∶3.5～1∶6，模型平面比尺为 1∶100，垂直比尺为 1∶100。概化水槽见图 6.1，平面布置和断面地形见图 6.2。

图 6.1 概化水槽照片

试验采用恒定流进行控制，上游进口与量水堰相连，通过量水堰控制流量，下游采用手摇式蝶形阀门进行水位控制，并设置 14 个水位观测点进行实时监

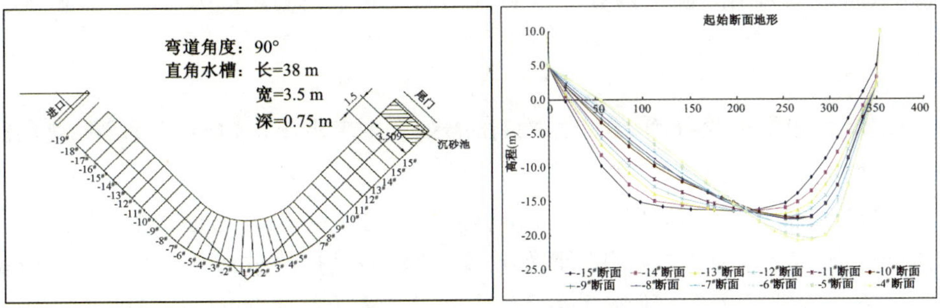

图 6.2　概化水槽平面布置和断面地形

控。弯道上下段顺直过渡段长度取值为 3～5 倍的断面宽度，以保证进口顺直段流态的均匀性，水流出弯后环流充分的衰减。

概化模型比尺如下：

(1) 平面和垂直比尺：$\alpha_L = \alpha_H = 100$

(2) 重力相似：$\alpha_V = \sqrt{\alpha_H} = 10$

(3) 糙率相似：$\alpha_n = \dfrac{\alpha_H^{2/3}}{\alpha_L^{1/2}} = \alpha_L^{1/6} = 2.154$

(4) 沉降和悬浮相似：$\alpha_\omega = \alpha_V \dfrac{\alpha_H}{\alpha_L} = 10$

(5) 起动相似：$\alpha_V = \alpha_{V_0}$

(6) 挟沙能力相似：$\alpha_S = \alpha_{S^*} = \dfrac{\alpha_{\gamma_s}\alpha_\gamma \alpha_V^3 \alpha_H^2}{\alpha_{\gamma_s - \gamma}\alpha_\omega \alpha_H^{4/3}} = 0.2$

(7) 河床变形相似：$\alpha_{t_2} = \dfrac{\alpha_{\gamma_0}\alpha_L^{1/2}}{\alpha_S \alpha_V} = 100$

6.2　弯道壁面切应力试验研究

河道壁面切应力是探究崩岸机理、复演、预测崩岸过程的重要因子之一，目前对于河道壁面切应力的研究多针对规则断面、长直水道或微弯水道，且测量手段单一，对于概化天然明渠壁面切应力的研究开展较少。本文将 MEMS(微机电系统)柔性热膜式壁面切应力传感器以及 ADV 三维流速仪同时应用于概化天然明渠壁面切应力测量中，对强紊动情况下的河弯壁面切应力纵、横向分布规律进行了探索，揭示了概化天然河弯壁面切应力纵、横向分布规律，并比较了 ADV 计算壁面切应力结果与 MEMS 柔性热膜式壁面切应力传感器实测壁面切应力结果，并分析了两者的差异。同时改进了 SKM 明渠壁面切应力计算模式，结合壁面切应力实测数据推导了新的概化天然明渠壁面切应力分布计算模式。

6.2.1 试验布置与组次

切应力测量试验分为 18 个组次，试验组次中考虑了进口流量、水深、坡比对于弯道壁面切应力的影响，组次见表 6.1。

水槽各测量断面均设置 20～30 个壁面切应力测点，并在弯道凹岸一侧进行测点加密布置。在弯道水槽特征断面的凹岸，床面及凸岸均选取 6～10 个测量点位采用 ADV 测量近壁面三维流速并采用紊动动能法计算对应点位的壁面切应力。

表 6.1 弯道壁面切应力测量试验组次

组次	流量 Q (m^3/s)	坡前水深 H(m)	断面平均流速(m/s)	雷诺数 Re ($\times 10^5$)	岸坡坡比 s (垂向：横向)	弗洛德数 Fr
1	0.043 5	0.2	0.15	57	1：1.5	0.000 060 36
2	0.082	0.25	0.2	76	1：1.5	0.000 107 30
3	0.138 75	0.3	0.25	95	1：1.5	0.000 167 66
4	0.161 875	0.35	0.25	95	1：1.5	0.000 167 66
5	0.222	0.4	0.3	114	1：1.5	0.000 241 43
6	0.231 75	0.45	0.25	95	1：1.5	0.000 167 66
7	0.043 5	0.2	0.15	57	1：2	0.000 060 36
8	0.082	0.25	0.2	76	1：2	0.000 107 30
9	0.138 75	0.3	0.25	95	1：2	0.000 167 66
10	0.161 875	0.35	0.25	95	1：2	0.000 167 66
11	0.222	0.4	0.3	114	1：2	0.000 241 43
12	0.231 75	0.45	0.25	95	1：2	0.000 167 66
13	0.043 5	0.2	0.15	57	1：2.5	0.000 060 36
14	0.082	0.25	0.2	76	1：2.5	0.000 107 30
15	0.138 75	0.3	0.25	95	1：2.5	0.000 167 66
16	0.161 875	0.35	0.25	95	1：2.5	0.000 167 66
17	0.222	0.4	0.3	114	1：2.5	0.000 241 43
18	0.231 75	0.45	0.25	95	1：2.5	0.000 167 66

6.2.2 测量仪器

1. 水位测针

本次试验采用水位测针对弯道水槽典型断面水位进行监测。水位测针每 5

分钟读取一次水位并详细记录，尾门水位由水位测针进行控制。

2. Nortek ADV 流速仪

近壁面三维流速采用挪威 Nortek 公司开发的“小威龙一代”Vectrino 进行近壁面三维流速测量。Nortek 小威龙为高精密度准确性极高的流速采集装置，能够精确地捕捉到紊动边界层内部的三维流速变化，并进而推求近壁面切应力的量值(图 6.3)。

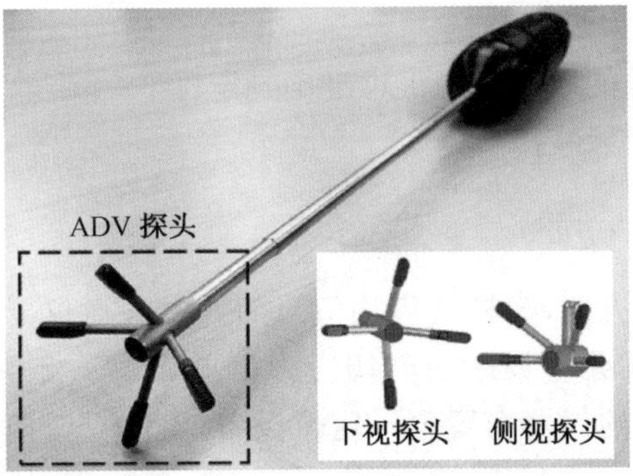

(a) Nortek Vectrino 声学多普勒流速仪

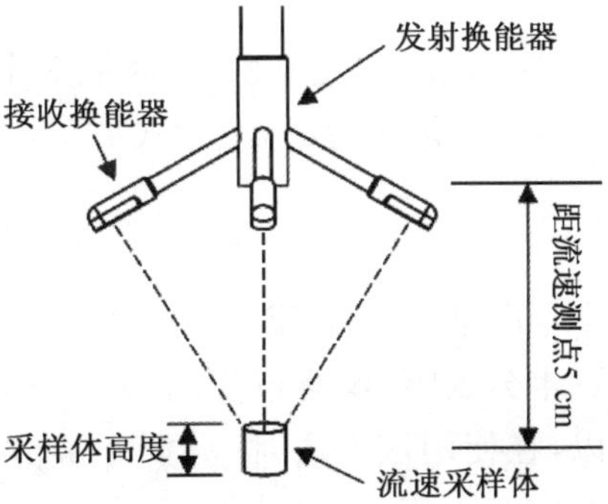

(b) Vectrino 探头工作原理示意图

图 6.3 Nortek 声学流速仪实物图及工作原理

本次 ADV 测量数据滤波过程借鉴了 Koen 的研究结论。Koen 认为 ADV 流速数据相关性(Correlation)小于 70%，信噪比(SNR)小于 18 的数据信号均为无效数据。经过统计，本次试验中大约有 3.3%的流速数据被剔除，说明 ADV 采集数据的质量较好。

根据前人研究，由 ADV 测量得到的近壁面三维流速推求壁面切应力的方法主要有下列几种，分别为河道平均床面切应力法、流速对数率法则、二次应力法则、雷诺应力法以及紊动动能法。下面分别对该几种方法进行详细的描述，比较其优缺点并选取适合本次研究的方法。

(1) 河道平均床面切应力法，表达式如下：

$$\tau_0 = \rho g R S_f$$

式中，τ_0 为边界切应力，ρ 为流体密度，g 为重力加速度，R 为水力半径，S_f 为水力能坡。然而，该方法虽然经常用于预测明渠平均切应力的大小，但是不适合作为壁面切应力精确的预测方法。

(2) Schlicting 对数率关系法，表达式如下：

$$\frac{u}{u_*} = \frac{1}{\kappa}\ln\left(\frac{z}{z_0}\right)$$

式中，u 为流速，u_* 为剪切流速，可写成 $\sqrt{\frac{\tau_0}{\rho}}$ 的形式，z 为床面以上高度，z_0 为特征粗糙高度。尽管该方法被广泛地运用于求解水下壁面切应力，但对于弯道而言，流速剖面并不服从对数分布。

（3）二次应力率法，该法将平均剪切应力与流速的二次方联系在一起，表达式如下：

$$\tau_0 = \rho C_d U^2$$

式中，C_d 为拖曳系数，而拖曳系数的取值范围很难准确判定。

（4）雷诺应力法，表达式如下：

$$\tau_0 = -\rho \overline{u'v'}$$

式中，u' 与 v' 为顺流方向及垂向脉动流速，横杠代表均值。而该方法对仪器的布置十分敏感，仪器布置偏差 1°～3°就会导致床面剪切应力偏差 15%～20%。所以，在使用该方法时，需要非常精确的仪器布置电子定位设备，不能有任何的偏差角度的存在。

（5）紊动动能法，表达式如下：

$$\tau_0 = C_1[0.5\rho(\langle u'^2\rangle + \langle v'^2\rangle + \langle w'^2\rangle)]$$

式中 u'，v'，w' 分别为纵向脉动流速、横向脉动流速以及垂向脉动流速，〈 〉代表均值，C_1 为比例常数，根据 Soulby 和 Kim 等人的研究，C_1 推荐取 0.19。紊动动能法近年来被广泛应用于水下壁面切应力计算研究中。

Kim 等人对紊动动能法进行了改进，将上式简化为：

$$\tau_0 = C_2[\rho(\langle w'^2\rangle)]$$

Pascale 对前述五种方法进行了研究，并与 Preston 管实测壁面切应力进行对比，发现紊动动能法计算强紊动流态情况下的水下壁面切应力结果相对其他方法而言较为精确，遂本次研究采用紊动动能法对近壁面三维流速进行数据处理，并求解得到弯道岸坡壁面切应力值。

3. 柔性热膜式壁面切应力传感器

本次研究使用的 MEMS 柔性热膜式壁面切应力传感器如图 6.4 所示，该传感器由西北工业大学微纳米系统试验室生产，可用于水下直接测量壁面切应力的大小。

本次 MEMS 柔性热膜式壁面切应力传感器标定试验借鉴了徐华、郝思禹等人的相关研究进行。通过该标定装置，可以标定不同温度情况下壁面切应力与电压、温度之间的相关关系，而且该标定装置能实现高壁面切应力输出，并且不

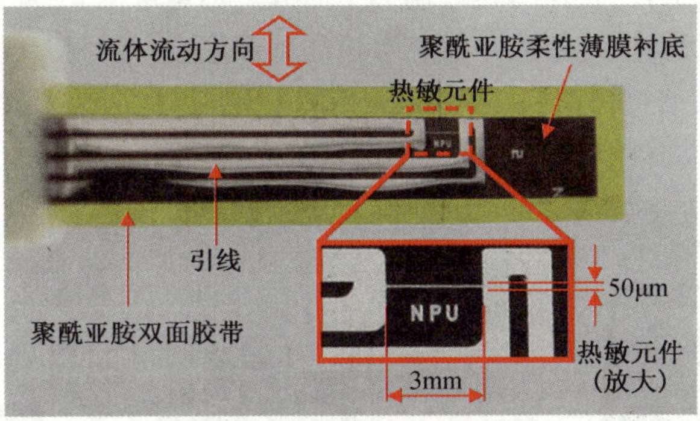

图 6.4　MEMS 柔性热膜式壁面切应力传感器

受到流态的影响。

标定装置各工作段示意图见图 6.5 所示。该标定装置包含变频水泵、PVC 水管、壁面切应力传感器标定区域、室外水箱、蝶阀等。水箱长宽高分别为 1.6 m、1.2 m、1.1 m，水位保持在 0.7～0.8 m，水箱的设计满足水温稳定的设计要求。

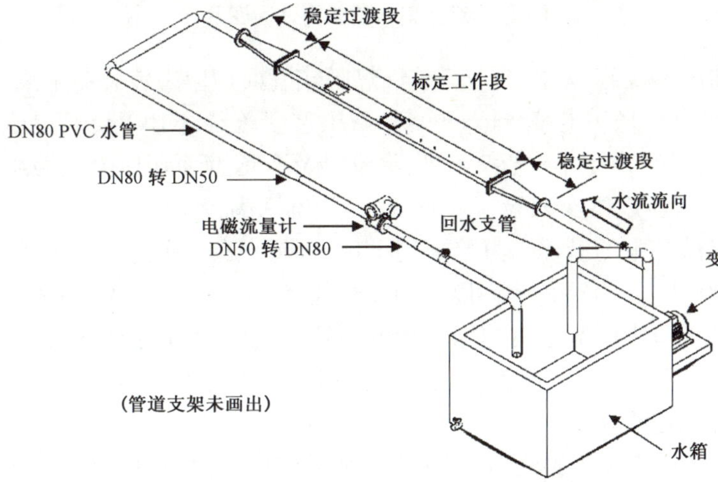

图 6.5　壁面切应力传感器标定装置示意图

壁面切应力传感器标定区域内部长、宽、高分别为 3 m、0.22 m、2 mm，为厚度 20 mm 的有机玻璃加工而成的宽扁平矩形断面管道，宽高比为 11∶1。标定段可每次安排 2 个 MEMS 壁面切应力传感器同时进行标定，提高了标定的效率。

壁面切应力传感器为微米级电子元件，为了标定试验、弯道切应力测量试验的方便以及传感器的反复利用，制作了长、宽均为 5 cm 的正方形凸台，并将传感器粘贴在凸台底部，凸台由有机玻璃加工而成。标定水槽安装凸台是通过 12 根固定螺栓进行，保持底部热膜与宽扁水槽的顶部平齐，并保持无缝衔接。在每次标定试验开始之前，将钢化玻璃凸台固定在标定段，然后用螺栓固定之后，保持凸台底面平整之后，即可开始标定，标定试验水槽照片如图 6.6 所示。

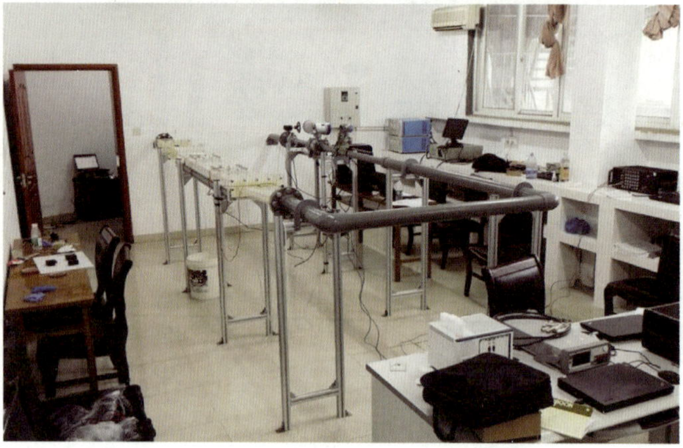

图 6.6　标定宽扁水槽室内试验图片

标定水槽配套设施包含 MEMS 柔性热膜式壁面切应力传感器采集主机箱、MEMS 微电机电压采集电脑、Honeywell 微压差变送器、KROHNE 电磁流量计以及温度控制系统，由于本次标定试验阶段以及弯道壁面切应力试验阶段水温变化小于 0.5℃，所以本次试验并未采用水温控制系统。

本次标定试验中的沿程压力差采用 Honeywell 微压差变送器测量，该设备量程为 0～500 Pa，具有高耐久性以及静压性能，测量精度为 0.075%FS。

本次标定试验中的流量由德国 KROHNE 电磁流量计进行测量，该款流量计测量范围为 0～35 m^3/h，量程范围内最大切应力约为 11 Pa，可以满足本次弯道壁面切应力标定的要求。

动力水泵为 5.5 kW 的变频水泵，水泵最大流量可达到 50 m^3/h。水泵的流量调节可采用手动调整或变频器调节。

标定试验的流量选择、压差测点选择见表 6.2。

表 6.2　标定试验组次

流量 $Q(m^3/h)$	壁面切应力 τ_b(Pa)	压差测点距离(m)	压差范围(Pa)
3.3	0.2	2	40
5.6	0.5	2	100
7.4	0.8	2	160

续表

流量 Q(m³/h)	壁面切应力 τ_b(Pa)	压差测点距离(m)	压差范围(Pa)
8.5	1.05	2	210
10.6	1.5	2	120
12.4	2.0	0.8	160
16.5	3.2	0.8	270
18.5	4.0	0.8	320

本次标定试验采用 MEMS 热膜式壁面切应力传感器经典标定公式进行标定,表达式如下:

$$E = A\tau_b^{\frac{1}{3}} + B$$

式中,E 为电压采集值;A、B 为标定参数。

本次标定采用 Knight 和 Rhodes 等人提出的修正公式来计算壁面切应力的大小,公式如下:

$$\tau_b = 1.025\frac{H_c}{2}\frac{\Delta p}{\Delta x}\left[1 - e^{-(2B_c/3H_c)^{0.95}}\right]$$

式中,τ_b 为宽扁矩形断面管道上下壁面中心线上的壁面切应力值,H_c 为宽扁矩形断面管道上下壁面中心线的距离,Δp 为压差测点之间的压差,Δx 为压差测点之间的距离,B_c 为断面左右壁面中心线的距离。

表 6.3 为本次采用的 7 块 MEMS 柔性热膜式壁面切应力传感器的标定曲线参数 A,B 值。

表 6.3　标定参数及确定系数

传感器名称	A	B	R^2
Sensor1#	−3.127 46	5.471 11	0.912 659 4
Sensor 2#	−0.083	3.987 59	0.959 936 5
Sensor 3#	−0.1	4.147 93	0.933 749 8
Sensor 4#	−0.129 06	3.362 26	0.975 358 7
Sensor 5#	−0.031 69	1.610 4	0.941 276 4
Sensor 6#	−0.031	0.744 491	0.972 684 3
Sensor 7#	−0.045	2.169 951	0.967 498 2

由标定结果可知,本次标定的壁面切应力 τ_b 与电压 E 之间的关系拟合较

好，确定系数 R^2 均在 0.91 以上。

研究采用的 MEMS 壁面切应力传感器测量设备包含测量主机、测量专用电脑设备(图 6.7)。测量主机最高支持 8 块板卡总共 32 个通道同时驱动和信号采集，多个仪器可联机工作。主机可满足多个采集频率设置。采样频率分为 11 级采样频率，频率分别为 0.5 kHz、0.8 kHz、1 kHz、2 kHz、3 kHz、4 kHz、6 kHz、8 kHz、12 kHz、24 kHz、48 kHz。本次选用 2 kHz 采样频率对弯道壁面切应力进行测量，测量时间为 60 s(图 6.8、图 6.9)。

图 6.7　采集主机箱示意图

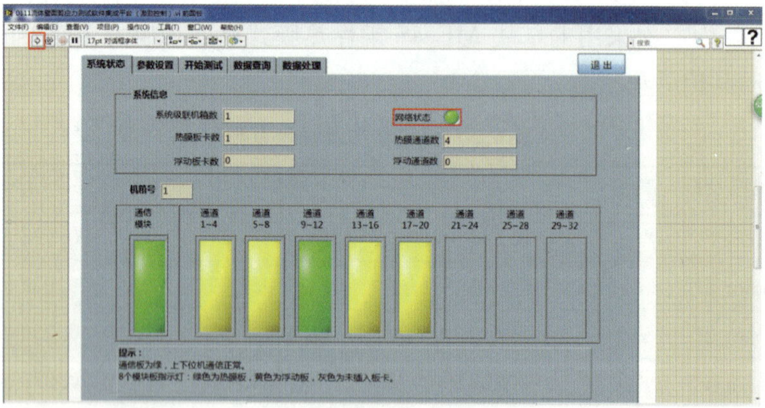

图 6.8　集成平台界面

应用 MEMS 壁面切应力传感器测量壁面切应力的步骤如下：

(1) 概化天然弯道水槽壁面开槽，壁面切应力凸台安装并使凸台底面与弯道壁面平齐并使用酒精湿润凸台切应力片，保持切应力片表面无泥沙尘土覆盖。

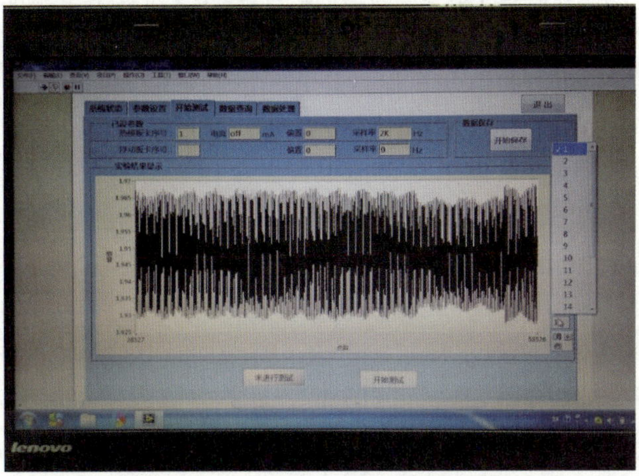

图 6.9　流体壁面切应力传感器电压采集界面

（2）弯道水槽缓慢进水，待达到额定流量、水位，开启尾门，形成稳定弯道水流。同时连接 MEMS 采集电脑，MEMS 采集主机与 MEMS 壁面切应力传感器并开启 LabVIEW 采集模块。

（3）壁面切应力直接采集，采集结束后采用 MATLAB 对数据进行处理，根据实测电压值，结合标定曲线参数，求出测量点位的壁面切应力量值。试验全过程开始阶段与结尾阶段均对弯道水槽水温进行量测并记录。

6.2.3　壁面切应力分布规律

本节对概化天然弯道壁面切应力模型试验研究结果进行分析，重点关注弯道岸坡平均切应力沿程分布以及弯道壁面切应力横向分布规律，并在此基础上，对岸坡平均壁面切应力与来流流量、水深、岸坡坡角、弯道断面中心角进行单因子分析，并拟合岸坡平均壁面切应力与影响因子之间的函数关系。

1. 壁面切应力沿程分布规律

图 6.10 给出了弯道凹岸壁面平均切应力沿程分布，横坐标代表弯道断面中心角 θ，纵坐标代表弯道凹岸壁面平均切应力值 $\tau_{凹岸平均}$（Pa），图中 s 为岸坡坡比。

由图可知：在弯道进口直道段，由于二次流作用较弱，壁面切应力的量值也较弯道内断面的壁面切应力量值小，为弯顶以下断面壁面平均切应力量值的 45%～60%。弯道段凹岸壁面平均切应力最大值出现在弯顶下游的 7# ～8# 断面，根据 Blanckaert 的研究，该区域为二次流紊动最剧烈的区域，呈现出二次流饱和状态，且为弯道水流顶冲点。从弯道入口至弯顶断面，由于断面形态由 U 形逐渐转变为偏 V 形，主流动力轴线偏向凹岸，水流与凹岸壁面相互作用强烈，边界层内动量交换明显，凹岸壁面边界层内紊动增强，凹岸壁面切应力显著增加。在弯道弯顶前，随着弯道断面中心角增大，凹岸岸坡平均壁面切应力增大，在弯道弯顶附近壁面切应力基本保持稳定，在弯顶下游断面壁面平均切应力逐渐增大，呈现双峰分布规律。由弯道凹岸壁面平均切应力沿程分布可知，弯道凹岸壁面平均切应力的分布规律与弯道内冲淤规律吻合良好。在弯道进口段，由于弯道环流较弱，凹岸壁面平均切应力量值较小，对应的凹岸侵蚀崩退较弱。进入弯道之后，随着主流动力轴线偏向凹岸一侧，水流与凹岸壁面相互作用增强，凹岸壁面边界层内动量交换加剧，凹岸壁面切应力增加，在弯顶前达到第一个峰值之后保持相对稳定，随着水流顶冲弯顶下游断面，凹岸壁面平均切应力在弯顶下游断面达到第二个峰值。由弯道凹岸壁面平均切应力沿程分布规律可以推断，弯道凹岸水流侵蚀严重区域分别为弯道弯顶附近断面及弯顶下游水流顶冲断面。

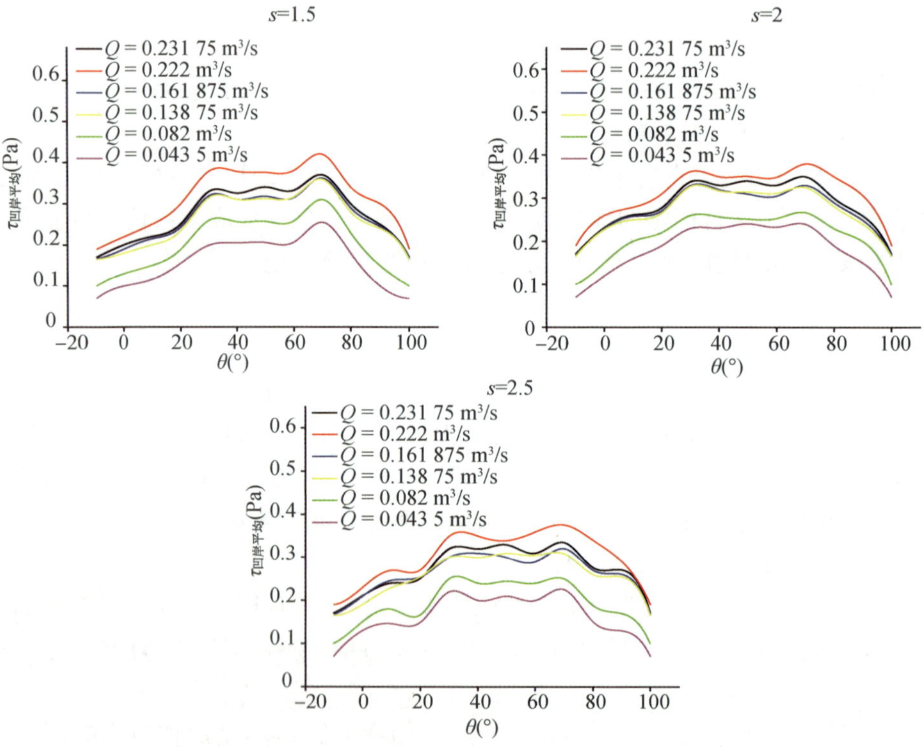

图 6.10　弯道凹岸壁面平均切应力随断面中心角变化

图 6.11 给出了弯道凹岸坡脚切应力随断面中心角的变化，弯道凹岸坡脚切应力在弯顶下游断面之前均呈现单调增加沿程分布规律，而后随着主流动力轴线逐渐居中，凹岸坡脚切应力开始逐渐减小。弯道凹岸坡脚切应力在弯顶下游

弯道断面中心角为 70°时达到极值。其原因为弯道水流顶冲及弯道环流强度在该断面达到峰值。而后随着主流归槽，坡脚切应力逐渐减小。

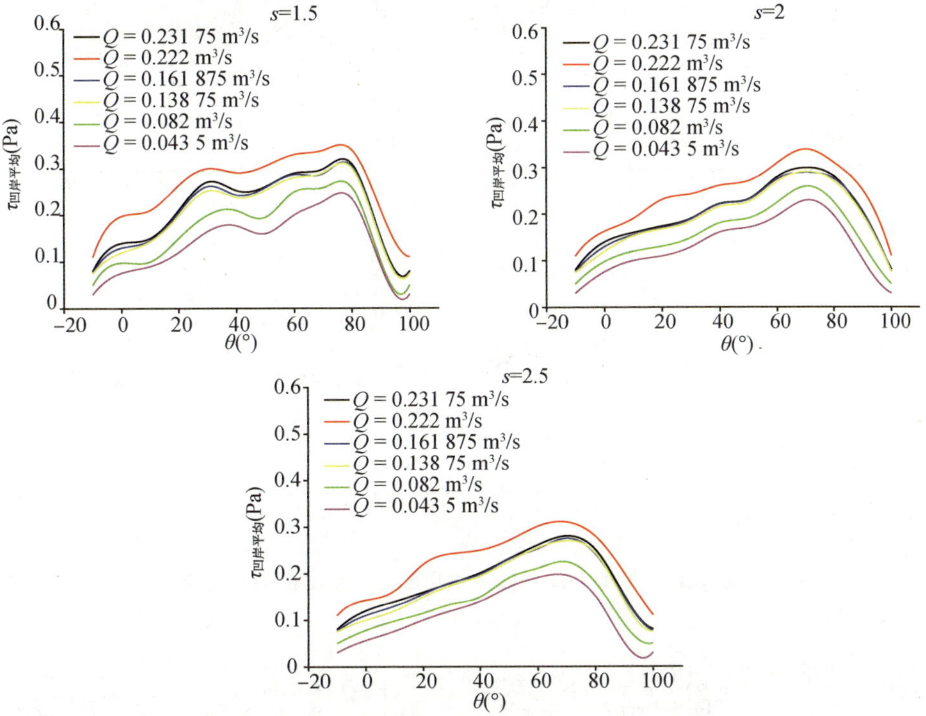

图 6.11　弯道凹岸坡脚切应力随断面中心角变化

图 6.12 给出弯道凸岸壁面平均切应力随断面中心角的变化，弯道凸岸平均切应力随弯道断面中心角的变化规律与弯道凹岸平均切应力随弯道断面中心角的变化规律均呈现双峰分布特征，而弯道凸岸平均切应力峰值出现在弯道进口与弯道弯顶下游断面，基本属于弯道进出口区域，而谷值出现在弯顶及弯顶下游断面。由于水流入弯后，主流动力轴线逐渐偏向凹岸，凸岸侧紊动较弱，凸岸壁面平均切应力约为凹岸壁面平均切应力的 70%。在弯顶下游断面，主流动力轴线逐渐居中发展，凸岸壁面平均切应力逐渐增加。弯道凸岸壁面平均切应力沿程分布规律印证了弯道凹冲凸淤的特性，在弯道凸岸，河岸岸坡切应力较小，床沙不易起动，悬沙在凸岸滩地落淤，引起岸滩淤长。

图 6.13 给出弯道凸岸坡脚切应力随断面中心角的变化，弯道凸岸坡脚切应力随弯道断面中心角的变化规律呈现双峰分布规律，峰值在弯顶下游断面及弯道出口。该分布规律与主流动力轴线在概化天然弯道内的偏转以及概化天然弯道断面形态变化直接相关。在弯道进口，断面形态为 U 形断面，随着水流入弯，断面形态逐渐变化为偏 V 形断面，水流动力轴线偏凹岸，凸岸坡脚切应力基本

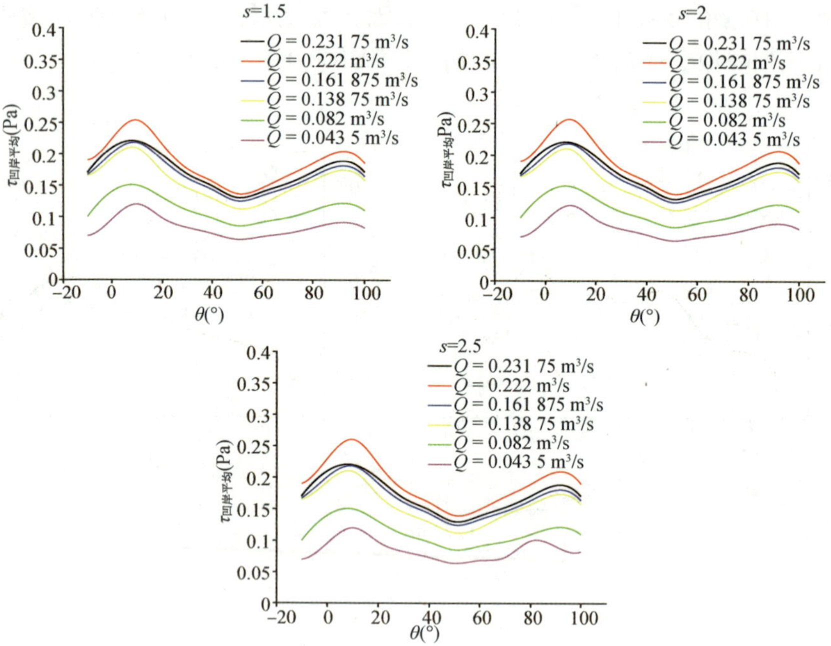

图 6.12　弯道凸岸壁面平均切应力随断面中心角变化

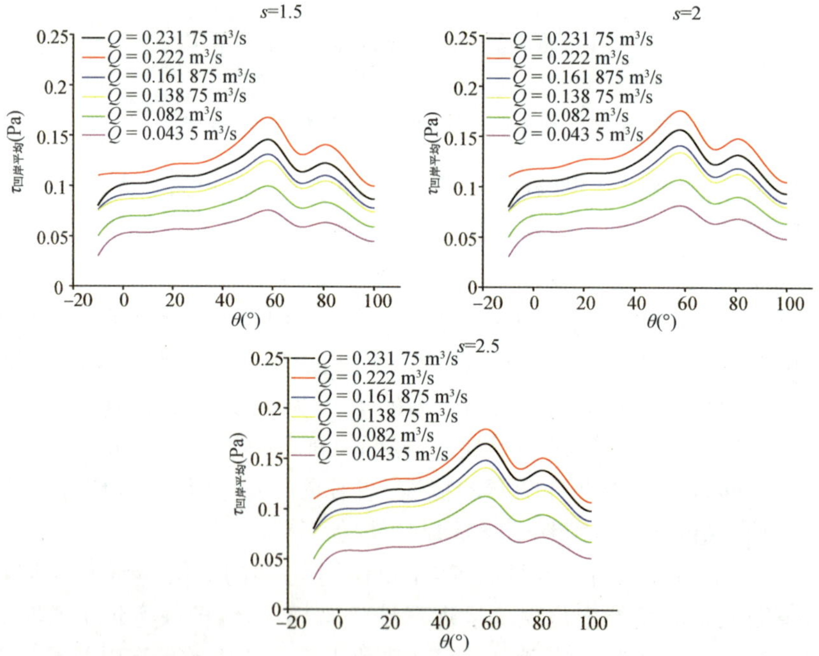

图 6.13　弯道凸岸坡脚切应力随断面中心角变化

保持稳定。在弯道出口断面，主流动力轴线回归弯道中心线，凸岸坡脚切应力保持稳定。

2. 壁面切应力横向分布规律

本小节对弯道壁面切应力横向分布规律进行分析，研究了弯道直道过渡段0#断面（$\theta=-10°$），弯道段2#、6#、8#断面（$\theta=10°$，$\theta=50°$，$\theta=70°$）的弯道壁面切应力横向分布规律，见图 6.14。在图 6.14 中，横坐标为湿周（cm），纵坐标为壁面切应力值（Pa），并标示出弯道断面的床面、凹岸、凸岸区域。在图 6.15 中将壁面切应力值与弯道断面形态联合进行分析，直观地反映了弯道壁面切应力的横向分布规律，并标注了不同弯道断面中心角 θ 情况下，弯道断面壁面切应力极值位置。

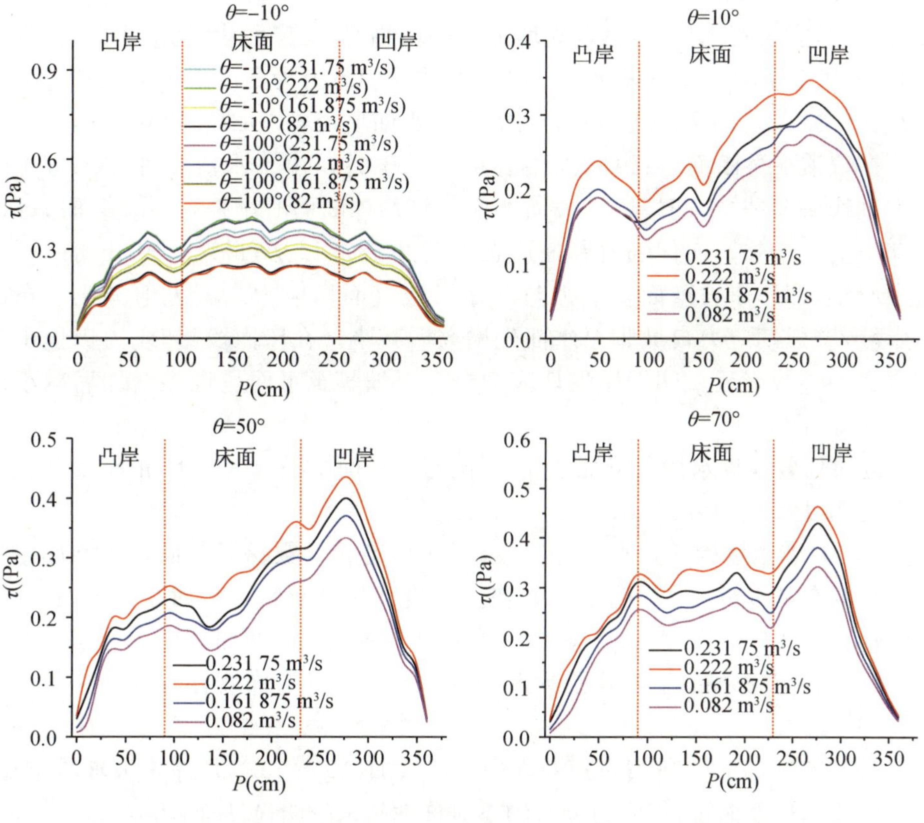

图 6.14　不同弯道断面中心角情况下，壁面切应力沿湿周分布

如图 6.14 所示，在弯道水槽直道过渡段（$\theta=-10°$），断面形态为标准等腰梯形，等腰梯形断面切应力分布呈现对称分布特征，在凸岸侧壁面切应力自坡脚向坡顶先增加后减小，在靠近凸岸水面位置出现最小值，在床面区域，呈现双峰双谷的规律现象，在床面中心线处存在床面切应力极小值，在凹岸岸坡呈现由坡脚向坡顶先增加后减小的分布规律。由图可知，随着断面平均流速的增加，壁面切应力分布呈正相关关系。由实测壁面切应力分布可知，直道段等腰梯形断面切应力分布特征具有较强的水力学规律性，本次实测断面切应力分布规律与YUEN(1989)的相关研究结果类似。

随着水流入弯后（弯道断面中心角 $\theta=10°$时），弯道形态逐渐由U形变为偏V形，凹岸岸坡变陡，主流动力轴线偏向凹岸，凹岸岸坡壁面切应力逐渐增加，明显强于凸岸岸坡壁面切应力，凸岸岸坡切应力值为凹岸岸坡切应力值的70%～80%。由实测结果可知，当弯道断面中心角 $\theta=10°$时，凹岸一侧床面切应力明显大于凸岸一侧床面切应力，且在床面中心附近存在极小值。

在弯道段弯顶断面（弯道断面中心角 $\theta=50°$时），深泓偏向凹岸，断面呈现偏V形形态，主流贴附凹岸，凸岸岸坡切应力明显弱于凹岸岸坡切应力。在凸岸岸坡，自坡脚至水面，切应力呈现先增加后减弱趋势，在床面段，切应力呈现“凹高凸低”的床面切应力分布规律。凹岸岸坡坡面切应力为凸岸岸坡坡面切应力的1.24～1.37倍。凹岸岸坡切应力自坡脚至水面呈现先增加后减小的趋势。

在弯顶下游断面（弯道断面中心角 $\theta=70°$时），由于水流顶冲作用且主流动力轴线偏向凹岸，凹岸岸坡坡面切应力较弯顶断面时增强，凹岸壁面边界层内动量交换增强。而伴随着断面形态逐渐开始向U形过渡，深泓开始回归弯道中心线，凹岸岸坡壁面切应力与凸岸岸坡壁面切应力之间差值减小。在凸岸岸坡，壁面切应力自坡脚至水面先增大后减小。在床面段，切应力极值出现在弯道中心线附近。凹岸岸坡切应力分布自坡脚至水面呈现先增加后减小的分布特征（图6.15）。

通过比较弯道水槽各特征断面（不同弯道断面中心角情况下）的壁面切应力分布规律可知：

（1）在弯道水槽长直水道过渡段，断面形态为等腰梯形断面，凹、凸岸壁面切应力分布基本对称，在床面段，切应力呈现双峰分布特征。而在弯道内，伴随主流动力轴线偏凹岸，断面形态由U形转变为偏V形，断面切应力分布开始出现“凹高凸低”的分布趋势，弯道内断面的岸坡切应力分布规律存在明显的不对称特性。

（2）在弯道段内，随着弯道断面中心角增加（10°～50°），凹岸岸坡坡脚增加，相应的床面长度缩短，切应力分布的不对称性越来越明显，床面切应力也呈现出凹岸一侧明显大于凸岸一侧，凹岸坡脚切应力强于凸岸坡脚切应力，壁面切应力的分布规律也印证了弯道滩槽变化的“凹冲凸淤”规律。

（3）自弯顶断面至弯顶下游断面，随着凹岸岸坡开始变缓，断面形态由偏V形逐渐转变为U形，深泓开始回归主槽中心线，由于弯道水流的顶冲作用以及二次流的饱和效应，凹岸岸坡切应力持续增大，凸岸岸坡切应力也逐渐增大，在

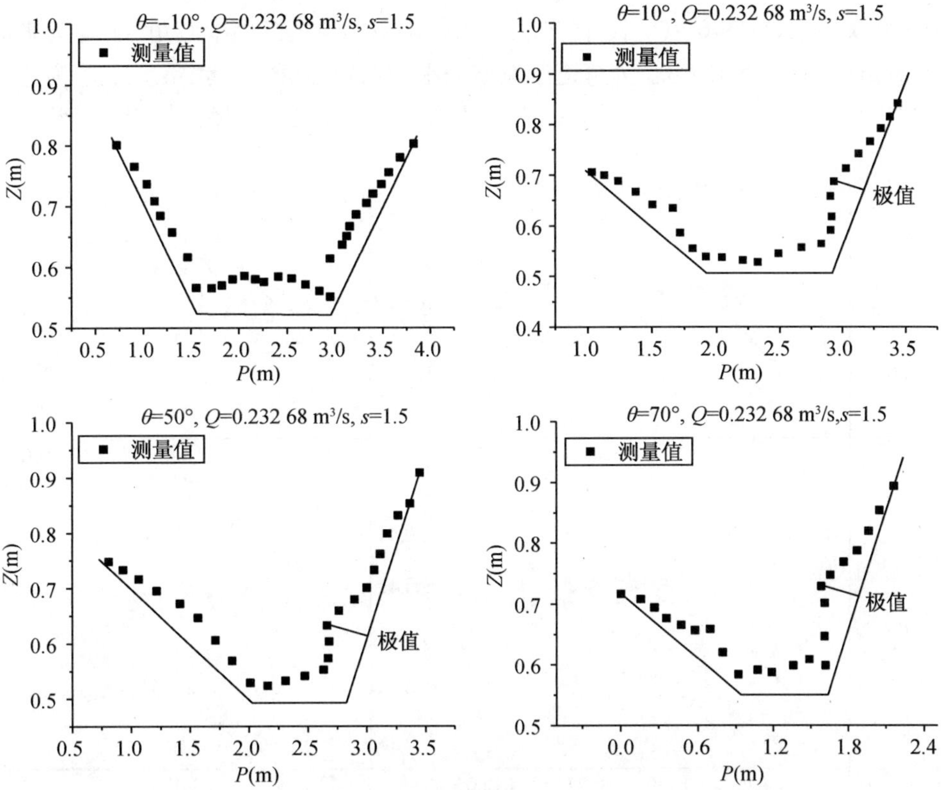

图 6.15　弯道壁面切应力沿壁面分布

床面出现了切应力单峰分布，峰值靠近凹岸一侧。在凹岸岸坡坡脚处，依旧出现切应力极小值。弯顶断面及弯顶下游断面的切应力分布特征基本类似。

（4）基于统计学原理对弯道凹岸壁面切应力极大值点距离明渠底面距离进行了统计分析，推导得到弯道凹岸壁面切应力极大值点与明渠底面之间的距离表达式如下：

$$h_b = 0.11\,\overline{p}\sin\left(\arctan\frac{1}{s}\right)$$

式中，h_b 为壁面切应力极值点与明渠底面之间的距离，$\overline{p}$ 为壁面切应力极值点的湿润距离，s 为坡比。

3. 壁面切应力单因子分析

本节对弯道凹岸壁面平均切应力以及弯道凸岸壁面平均切应力与来流流量、水深、坡角以及弯道断面中心角之间进行单因子相关分析，并拟合得到了弯道岸坡壁面平均切应力与四个影响因子之间各自的函数关系。下面首先分析弯道凹岸岸坡壁面平均切应力与来流流量、水深、坡角以及弯道断面中心角之间的单因子相关关系，见图 6.16。图中 H 为水深(m)；θ 为弯道断面中心角(°)；Q 为来流流量(m^3/s)；s 为坡比；τ_{avg} 为弯道岸坡壁面平均切应力(Pa)，其中 $\tau_{concave\text{-}avg}$ 为弯道凹岸岸坡平均壁面切应力(Pa)，$\tau_{convex\text{-}avg}$ 为弯道凸岸岸坡平均壁面切应力(Pa)。

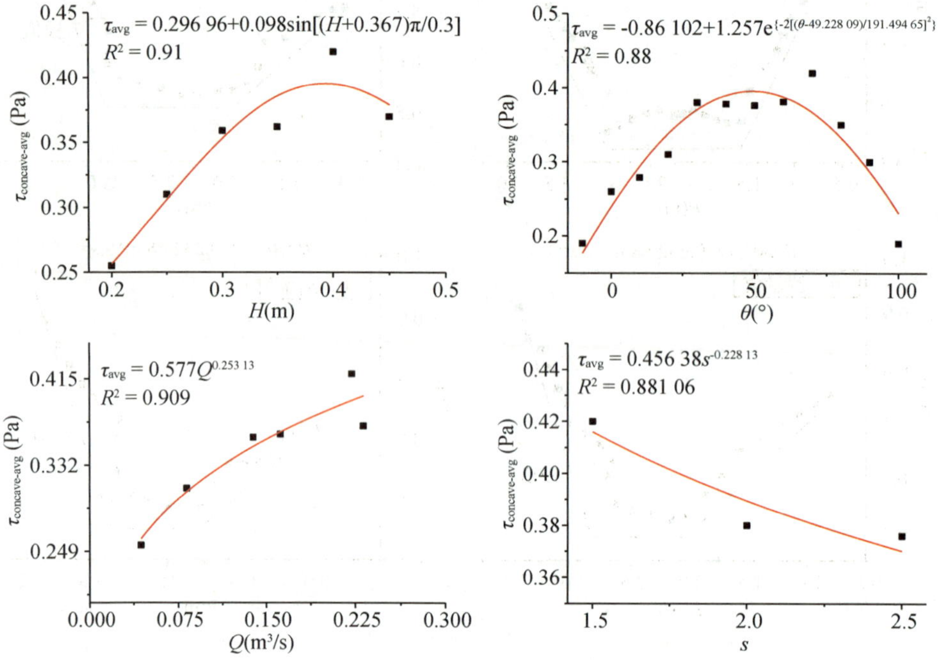

图 6.16　弯道凹岸壁面平均切应力单因子分析

由图 6.16 可知，弯道凹岸岸坡壁面平均切应力与弯道断面中心角呈现单峰函数关系，峰值出现在弯顶断面。弯道凹岸岸坡壁面平均切应力随着进口流量的增加而不断增加，两者呈明显正相关关系。弯道凹岸岸坡壁面平均切应力在水深小于 35 cm 时，与水深呈现正相关关系，而在水深大于 35 cm 后，则与水深呈现负相关关系。弯道凹岸岸坡壁面平均切应力随着弯道凹岸岸坡坡角减小而减小。本次拟合了弯道凹岸岸坡壁面平均切应力与来流流量、水深、坡角以及弯道断面中心角之间分别的函数关系，可用于未来的概化天然弯道凹岸岸坡平均切应力的预测中。

下面对弯道凸岸壁面平均切应力与来流流量、水深、坡角以及弯道断面中心角之间进行单因子分析，见图 6.17。图中 H 为水深(m)；θ 为弯道断面中心角(°)；Q 为来流流量(m^3/s)；s 为坡比；τ_{avg} 为弯道两侧岸坡坡面平均切应力(Pa)，其中 $\tau_{convex\text{-}avg}$ 为弯道凸岸岸坡平均坡面切应力(Pa)，$\tau_{concave\text{-}avg}$ 为弯道凹岸岸坡平均坡面切应力(Pa)。

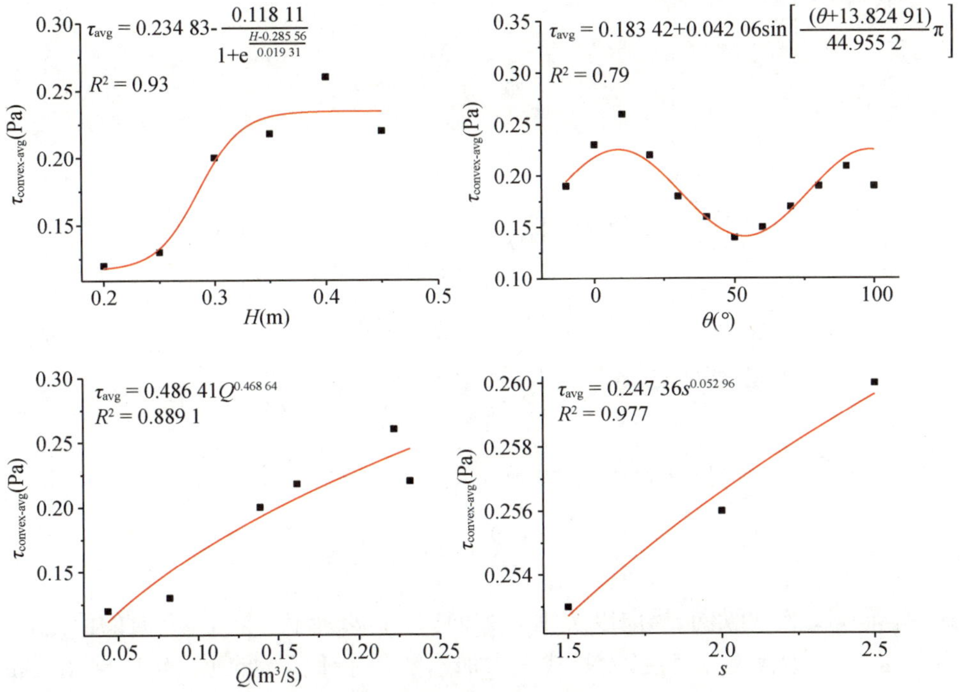

图 6.17　弯道凸岸壁面平均切应力单因子分析

由图 6.17 可知，弯道凸岸岸坡平均切应力随弯道凹岸坡角减小而增加。当水深小于 35 cm 时，弯道凸岸岸坡平均切应力随水深增加而增加，而当水深大于 35 cm 时，弯道凸岸岸坡壁面平均切应力变化减弱。弯道凸岸岸坡平均切应力随流量增加而增加，弯道凹岸岸坡平均切应力在弯顶断面附近存在极小值，而在弯道进口处存在极大值。综上分析可知，概化天然弯道凹岸、凸岸壁面平均切应力随流量、水深、坡比、弯道断面中心角的变化规律不一致，存在区别的原因在于壁面切应力受水流、断面形态的综合影响，弯道内主流动力轴线偏转以及二次流分布特征是影响壁面切应力分布规律的关键因素。

本次除了研究弯道凹、凸岸壁面平均切应力与流量、水深、坡比、弯道断面中心角之间的关系外，还根据实测壁面切应力数据拟合了弯道凹、凸岸壁面平均切应力与四个单一影响因子(流量、水深、坡比、弯道断面中心角)之间分别的非线性函数关系表达式。拟合过程采用 OriginPro 2017C 版本中的非线性曲线拟合工具箱进行非线性函数关系拟合，拟合曲线函数确定系数 R^2 均在 0.8 以上。

4. 概化天然弯道壁面切应力计算模式

本次推导的弯道凹岸岸坡壁面切应力半经验半理论模式以纳维-斯托克斯方程以及连续方程为基础。

垂线平均 N-S 方程：

$$\frac{\partial \overline{u}}{\partial x}+\frac{\partial \overline{v}}{\partial y}+\frac{\partial \overline{w}}{\partial z}=0 \tag{6-1}$$

$$\begin{aligned}&\frac{\partial \overline{u}}{\partial t}+\frac{\partial}{\partial x}(\overline{u}\,\overline{u})+\frac{\partial}{\partial y}(\overline{u}\,\overline{v})+\frac{\partial}{\partial z}(\overline{u}\,\overline{w})=\\&-\frac{1}{\rho}\frac{\partial \overline{p}}{\partial x}+\nu\nabla^2\overline{u}-\left(\frac{\partial}{\partial x}\overline{u'u'}+\frac{\partial}{\partial y}\overline{u'v'}+\frac{\partial}{\partial z}\overline{u'w'}\right)\end{aligned} \tag{6-2}$$

$$\begin{aligned}&\frac{\partial \overline{v}}{\partial t}+\frac{\partial}{\partial x}(\overline{v}\,\overline{u})+\frac{\partial}{\partial y}(\overline{v}\,\overline{v})+\frac{\partial}{\partial z}(\overline{v}\,\overline{w})=\\&-\frac{1}{\rho}\frac{\partial \overline{p}}{\partial y}+\nu\nabla^2\overline{v}-\left(\frac{\partial}{\partial x}\overline{v'u'}+\frac{\partial}{\partial y}\overline{v'v'}+\frac{\partial}{\partial z}\overline{v'w'}\right)\end{aligned} \tag{6-3}$$

$$\begin{aligned}&\frac{\partial \overline{w}}{\partial t}+\frac{\partial}{\partial x}(\overline{w}\,\overline{u})+\frac{\partial}{\partial y}(\overline{w}\,\overline{v})+\frac{\partial}{\partial z}(\overline{w}\,\overline{w})=\\&-\frac{1}{\rho}\frac{\partial \overline{p}}{\partial z}-g+\nu\nabla^2\overline{w}-\left(\frac{\partial}{\partial x}\overline{w'u'}+\frac{\partial}{\partial y}\overline{w'v'}+\frac{\partial}{\partial z}\overline{w'w'}\right)\end{aligned} \tag{6-4}$$

式中，x，y，z 代表纵向、横向以及垂向方向。u，v，w 指代 x，y，z 方向的流速，p 指代压力，ρ 指代流体密度，g 指代重力加速度，ν 指代运动黏度，$\overline{u}$，$\overline{v}$，$\overline{w}$ 指代雷诺平均流速，u'，v'，w' 指代雷诺平均流速的脉动值，u'，v'，w' 也可用来定义雷诺紊动应力的大小。在本次的模式推导中，垂线平均沿 Z 向进行，从床面（z_b）积分到自由水表面（z_w），则垂线平均纵向流速 U 和垂线平均横向流速 V 可以写成：

$$U=\frac{1}{H}\int_{z_b}^{z_w}\overline{u}\,\mathrm{d}z \tag{6-5}$$

$$V=\frac{1}{H}\int_{z_b}^{z_w}\overline{v}\,\mathrm{d}z \tag{6-6}$$

且可知 $H=z_w-z_b$，H 为水深。

对式 6-1 沿水深积分可得：

$$\int_{z_b}^{z_w}\frac{\partial \overline{u}}{\partial x}+\frac{\partial \overline{v}}{\partial y}+\frac{\partial \overline{w}}{\partial z}\mathrm{d}z=0 \tag{6-7}$$

根据莱布尼兹定律，可将式 6-7 改写成下面的三个表达式：

$$\int_{z_b}^{z_w}\frac{\partial \overline{u}}{\partial x}\mathrm{d}z=\frac{\partial}{\partial x}\int_{z_b}^{z_w}\overline{u}\,\mathrm{d}z-\overline{u_w}\frac{\partial z_w}{\partial x}+\overline{u_b}\frac{\partial z_b}{\partial x} \tag{6-8}$$

$$\int_{z_b}^{z_w} \frac{\partial \overline{v}}{\partial y} \mathrm{d}z = \frac{\partial}{\partial y} \int_{z_b}^{z_w} \overline{v} \mathrm{d}z - \overline{v_w} \frac{\partial z_w}{\partial y} + \overline{v_b} \frac{\partial z_b}{\partial y} \tag{6-9}$$

$$\int_{z_b}^{z_w} \frac{\partial \overline{w}}{\partial z} \mathrm{d}z = \overline{w_w} - \overline{w_b} \tag{6-10}$$

根据上面的三个表达式,可以最终推导得到连续方程的最终表达式如下:

$$\frac{\partial H}{\partial t} + \frac{\partial}{\partial x}(UH) + \frac{\partial}{\partial y}(VH) = 0 \tag{6-11}$$

式 6-2～式 6-11 为本次壁面切应力模式推导的基础表达式。介绍完基础表达式,下面正式开始推导弯道凹岸壁面切应力计算模式表达式。

根据式 6-2,可以将弯道纵向动量 N-S 方程写为式 6-12 的形式:

$$\begin{aligned} &\rho\left(\frac{\partial \overline{u}}{\partial t} + \frac{\partial}{\partial x}(\overline{u}\,\overline{u}) + \frac{\partial}{\partial y}(\overline{u}\,\overline{v}) + \frac{\partial}{\partial z}(\overline{u}\,\overline{w})\right) = \\ &\rho X - \frac{\partial \overline{p}}{\partial x} + \rho\nu\,\nabla^2 \overline{u} - \rho\left(\frac{\partial}{\partial x}\overline{u'u'} + \frac{\partial}{\partial y}\overline{u'v'} + \frac{\partial}{\partial z}\overline{u'w'}\right) \end{aligned} \tag{6-12}$$

式中,$-\rho\overline{u'u'}$,$-\rho\overline{u'v'}$,$-\rho\overline{u'w'}$ 为雷诺紊动切应力。其他字母定义如前所示。

当水流满足充分发展的均匀流特征时,则存在 $\partial/\partial t = 0$ 以及 $\partial/\partial x = 0$,且可忽略 $\nu\,\nabla^2\overline{u}$ 此项,则我们可得到:

$$\frac{\partial \overline{u}}{\partial x} + \frac{\partial \overline{v}}{\partial y} + \frac{\partial \overline{w}}{\partial z} + \frac{\overline{v}}{r} = 0 \tag{6-13}$$

$$\begin{aligned} &\frac{\partial \overline{u}^2}{\partial x} + \frac{\partial \overline{uv}}{\partial y} + \frac{\partial(\overline{u}\,\overline{w})}{\partial z} + 2\frac{\overline{uv}}{r} + \\ &\left[\frac{\partial \overline{u'^2}}{\partial x} + \frac{\partial(\overline{u'v'})}{\partial y} + \frac{\partial(\overline{u'w'})}{\partial z} + 2\frac{\overline{u'v'}}{r}\right] = -\frac{1}{\rho}\frac{\partial p}{\partial s} + F_s \end{aligned} \tag{6-14}$$

由式 6-13 与式 6-14,我们可以得到:

$$\begin{aligned} &\overline{u}\frac{\partial \overline{u}}{\partial x} + \overline{v}\frac{\partial \overline{u}}{\partial y} + \overline{w}\frac{\partial \overline{u}}{\partial z} + \frac{\overline{uv}}{r} = -\frac{1}{\rho}\frac{\partial \overline{p}}{\partial x} + F_s - \\ &\left[\frac{\partial \overline{u'^2}}{\partial x} + \frac{\partial(\overline{u'v'})}{\partial y} + \frac{\partial(\overline{u'w'})}{\partial z} + 2\frac{\overline{u'v'}}{r}\right] \end{aligned} \tag{6-15}$$

根据弯道水流条件,可假定 $F_s = 0$ 且 $\frac{\partial p}{\partial s} = gS_0$,则式 6-15 可写成:

$$\begin{aligned} &\rho\left[\frac{\partial \overline{u}^2}{\partial x} + \frac{\partial \overline{uv}}{\partial y} + \frac{\partial(\overline{u}\,\overline{w})}{\partial z}\right] = \\ &\rho g S_0 - \rho\left[\frac{\partial \overline{u'^2}}{\partial x} + \frac{\partial(\overline{u'v'})}{\partial y} + \frac{\partial(\overline{u'w'})}{\partial z}\right] - 2\rho\left(\frac{\overline{uv}}{2r} + \frac{\overline{u'v'}}{r}\right) \end{aligned} \tag{6-16}$$

对式 6-16 进行简化得到：

$$\rho\left[\frac{\partial \bar{u}^2}{\partial x}+\frac{\partial \overline{uv}}{\partial y}+\frac{\partial(\bar{u}\,\bar{w})}{\partial z}\right]=\rho g S_0+\left[\frac{\partial \tau_{ss}}{\partial x}+\frac{\partial \tau_{ns}}{\partial y}+\frac{\partial \tau_{zs}}{\partial z}\right]-2\rho\left(\frac{\overline{uv}}{2r}+\frac{\overline{u'v'}}{r}\right) \tag{6-17}$$

对式 6-17 进行垂线平均，得到：

$$\rho\left[\frac{\partial HU_d^2}{\partial x}+\frac{\partial H\,(\overline{uv})_d}{\partial y}\right]=\rho gHS_0+\left[\frac{\partial H\,\overline{\tau_{ss}}}{\partial x}+\frac{\partial H\,(\overline{\tau_{ns}})}{\partial y}\right]-2\rho\int_0^H\left(\frac{\overline{uv}}{2r}+\frac{\overline{u'v'}}{r}\right)\mathrm{d}z \tag{6-18}$$

对式 6-18 而言，我们可以采用下列的假定：$\frac{\partial HU_d^2}{\partial x}=0$；$\frac{\partial H\,\overline{\tau_{ss}}}{\partial x}=0$

则式 6-19 可简化为下式：

$$\rho\left[\frac{\partial H\,(\overline{uv})_d}{\partial \mathrm{y}}\right]=\rho gHS_0+\left[\frac{\partial H\,(\overline{\tau_{ns}})}{\partial y}\right]-\tau_b\sqrt{1+s^{-2}}-2\rho\int_0^H\left(\frac{\overline{uv}}{2r}+\frac{\overline{u'v'}}{r}\right)\mathrm{d}z \tag{6-19}$$

在式 6-19 中，d 代表垂线平均值，s 代表岸坡坡角，H 代表水深，该式即为弯道简单梯形断面情况下动量方程的垂线平均表达式。也可写成式 6-20 的形式：

$$\rho gHS_0+\left[\frac{\partial H\,(\overline{\tau_{yx}})}{\partial y}\right]-\tau_b\sqrt{1+s^{-2}}=\rho\left[\frac{\partial H\,(\overline{uv})_d}{\partial y}\right]+2\rho\int_0^H\left(\frac{\overline{uv}}{2r}+\frac{\overline{u'v'}}{r}\right)\mathrm{d}z \tag{6-20}$$

在式 6-20 中，$\rho\left[\frac{\partial H\,(\overline{uv})_d}{\partial y}\right]$ 指代的是弯道二次流表达项，$2\rho\int_0^H\left(\frac{\overline{uv}}{2r}+\frac{\overline{u'v'}}{r}\right)\mathrm{d}z$ 指代的是弯道曲率产生的弯道附加雷诺应力项。根据 KNIGHT 的研究，式 6-20 的右边两项可写为一个（$m+ny$）的形式，即一个线性函数的形式，且本次研究假设：

$$\Gamma=\rho\left[\frac{\partial H\,(\overline{uv})_d}{\partial y}\right]=\rho gHS_0(1-k) \tag{6-21}$$

$$\rho\left[\frac{\partial H\,(\overline{uv})_d}{\partial y}\right]+2\rho\int_0^H\left(\frac{\overline{uv}}{2r}+\frac{\overline{u'v'}}{r}\right)\mathrm{d}z=\rho gHS_0(1-k)+ny \tag{6-22}$$

在式 6-21 中，Γ 为一个常数函数，K 为弯道中心角以及弯道雷诺数的函数。假设是根据前面对于弯道壁面切应力沿程分布特征和断面分布特征规律的研究而假定的，在分布特征的研究中发现，弯道二次流表达项与弯道中心角，断面形态、坡比、以及雷诺数有密切的关系，遂假定式 6-20 的右侧为中心角，雷诺数以及横向距离的函数关系。则式 6-20 可写成：

$$\rho g H S_0 + \left[\frac{\partial H(\overline{\tau_{yx}})}{\partial y}\right] - \tau_b \sqrt{1+s^{-2}} = \rho g H S_0 (1-k) + ny \qquad (6\text{-}23)$$

并假设 $\tau_b = \left(\frac{f}{8}\right)\rho U_d^2, \overline{\tau_{yx}} = \rho\lambda U_* H \frac{\partial U_d}{\partial y}, U_* = (\tau_b/\rho)^{\frac{1}{2}}$

则我们得到最终的计算表达式：

$$\rho g H S_0 - \left(\frac{f}{8}\right)\rho U_d^2(\sqrt{1+s^{-2}}) + \frac{\partial}{\partial y}\left\{\rho\lambda H^2 \left(\frac{f}{8}\right)^{\frac{1}{2}} U_d \frac{\partial U_d}{\partial y}\right\} = \rho g H S_0 (1-k) + ny$$

(6-24)

求解式 6-24 可得到横向流速分布的表达式 6-25 以及横向切应力分布的表达式 6-26。

$$U_d = \left[A_3 \left(H + \frac{y}{s}\right)^{\alpha} + A_4 \left(H + \frac{y}{s}\right)^{(-\alpha-1)} + \omega\left(H + \frac{y}{s}\right) + \eta\right]^{\frac{1}{2}}$$

$$\alpha = -0.5 + 0.5 \times \sqrt{1 + \frac{s\sqrt{1+s^2}}{\lambda}\sqrt{8f}}, \omega = \frac{gS_0 - ns/\rho}{\frac{\sqrt{1+s^2}}{s}\left(\frac{f}{8}\right) - \frac{\lambda}{s^2}\sqrt{\frac{f}{8}}},$$

$$\eta = \frac{\rho g H S_0 (k-1) + nHs}{\rho\sqrt{1+s^{-2}}\frac{f}{8}}$$

(6-25)

$$\tau_b = \frac{f}{8}\rho\left[A_3 \left(H + \frac{y}{s}\right)^{\alpha} + A_4 \left(H + \frac{y}{s}\right)^{(-\alpha-1)} + \omega\left(H + \frac{y}{s}\right) + \eta\right]$$

$$\alpha = -0.5 + 0.5 \times \sqrt{1 + \frac{s\sqrt{1+s^2}}{0.07}\sqrt{8f}}, \omega = \frac{gS_0 - ns/\rho}{\frac{\sqrt{1+s^2}}{s}\left(\frac{f}{8}\right) - \frac{\lambda}{s^2}\sqrt{\frac{f}{8}}},$$

$$\eta = \frac{\rho g H S_0 (k-1) + nHs}{\rho\sqrt{1+s^{-2}}\frac{f}{8}}$$

$$k = 1.384\,(\sin\theta)^{28.28} + 0.096\ln(\mathrm{Re}), R^2 = 0.87$$

(6-26)

在式 6-25 和式 6-26 中，$A_3 = 2.22, A_4 = -3.52 \times 10^{-4}, R^2 = 0.92$。

5. 壁面切应力计算模式对比分析

本节系统比较了本次推导壁面切应力计算公式结果与 Yang, K. Devi, Hossien 等学者推导的壁面切应力计算公式结果。通过比较得出，本次推导的壁面切应力计算公式与概化天然弯道壁面切应力量测物理模型实测壁面切应力结果吻合良好，可用于计算概化天然弯道壁面切应力。

本书推导壁面切应力计算经验公式与水槽物理模型试验 MEMS 传感器实测弯道壁面切应力误差在 4%～7%之间，较前人推导公式略有进步，在前人推导的壁面切应力经验公式中，K. Devi 和 Hossien 公式较其他公式更加精确，误差仅在 5%～9%之间。K. Devi 和 Hossien 公式均在 Shiono 和 Knight 明渠水动力计算模式基础上，增加了对弯道二次流和弯道曲率的考虑，但并未考虑弯道断面中心角 θ 对壁面切应力的影响。由本书弯道壁面切应力测量水槽壁面切应力试验可知，在概化天然弯道水槽中，弯道内各断面的壁面切应力分布均不相同，需要对弯道断面中心角对壁面切应力的影响加以考虑。Yang 公式计算结果与实测结果误差稍大于 K. Devi 和 Hossien 公式(图 6.18)。

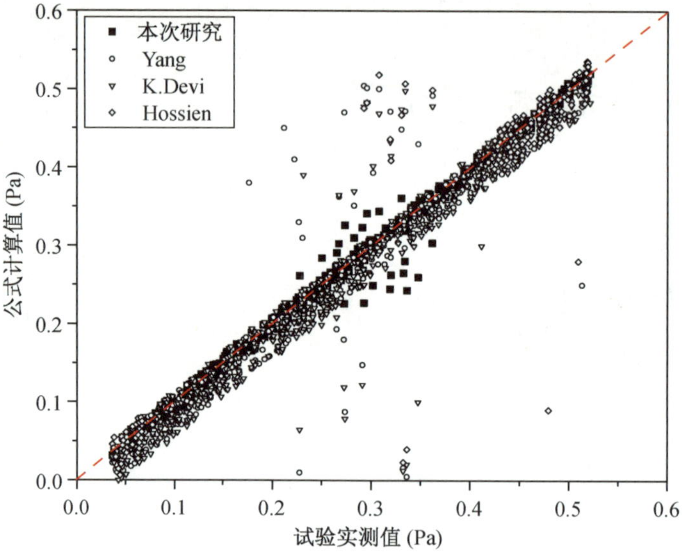

图 6.18　公式计算结果比较

6.3　弯道流滑型崩岸机理研究

本章开展了弯道崩岸水槽试验，并研究了水流、渗流、二元结构土体和不同岸坡形态等因素耦合影响下的流滑型崩岸机理，分析了弯曲河道流滑型崩岸发生、发展过程，得出造成流滑型崩塌的关键因素，并判断了渗流对于流滑型崩岸的影响。

6.3.1　试验安排

1. 试验布置与测量

弯道崩岸水槽试验采用弯道壁面切应力测量试验相同水槽进行试验。弯道崩岸试验段布置在弯道凹岸一侧，长度为 10 m，坡体高度为 0.7 m，在坡体后侧布置渗流井，渗流井水位由水位仪进行控制，渗流井加水采用水泵加水的方式进行控制，采用阀门进行排水控制，渗流井的作用是在弯道凹岸岸坡内形成稳定入河渗流。具体的断面布置如图 6.2 所示。弯道凹岸岸坡的坡比设置为 1∶1.5、1∶2、1∶2.5。弯道凸岸为水泥壁面，坡比恒定为 1∶4。在弯道崩岸试验段的前后断面进行平稳过渡化处理，并保证弯道水槽各过流断面面积的一致性。

本次弯道崩岸水槽试验用土选取长江江苏段典型河岸岸坡的上部黏性土和下部沙土。土体的力学性质指标见表 6.4。

表 6.4　崩岸水槽试验土体力学性质

名称	干密度 (g/cm^3)	渗透系数 ($\times 10^{-8}$ cm/s)	凝聚力 (kPa)	摩擦角 (°)
粉细沙	1.51	12.67	7	31.3
粉质黏土	1.45	13.22	12.2	29

本次弯道崩岸试验采用的仪器设备为摄像机、BWMK 型孔隙水压力传感器以及孔隙水压力采集箱。BWMK 型孔隙水压力传感器见图 6.19。BWMK 型孔隙水压力传感器的主要技术指标见表 6.5 所示。BWMK 型孔隙水压力传感器布置点位见图 6.20，图中 K1～K6 为孔隙水压力传感器布置点位。

本次弯道崩岸试验观测主要内容包括弯道凹岸岸坡失稳崩塌全过程及弯道凹岸岸坡失稳崩塌全过程中土体内部孔隙水压力变化。

表 6.5　BWMK 型孔隙水压力传感器参数

量程	0～10 Pa
直径	19 mm
厚度	21 mm
分辨率	0.001 Pa
灵敏度	0.2 mv/Pa
防水性能	可在饱和水介质中工作
测量频率	10 Hz

2. 试验组次及流程

本次弯道崩岸水槽试验组次安排见表 6.6。

图 6.19　孔隙水压力传感器实物图

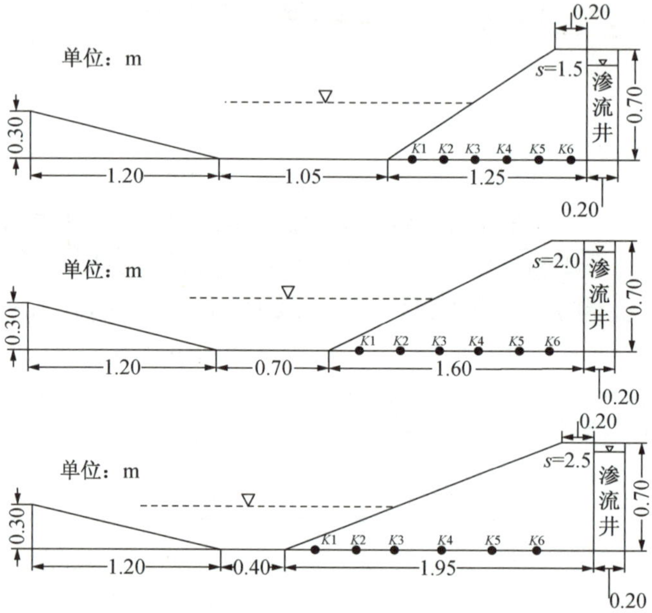

图 6.20　弯道水槽崩岸段形态及孔隙水压力传感器布置图

表 6.6　崩岸水槽试验组次

组次	进口流量 (m^3/s)	坡前水深 (m)	断面平均流速 (m/s)	渗流井水深 (m)	水头差 (m)	坡比 s
1	0.232 68	0.3	0.35	0.4	0.1	1∶1.5
2	0.209 6	0.25	0.4	0.45	0.2	1∶1.5
3	0.191 9	0.2	0.5	0.5	0.3	1∶1.5
4	0.172 71	0.2	0.45	0.55	0.35	1∶1.5

续表

组次	进口流量 (m^3/s)	坡前水深 (m)	断面平均流速 (m/s)	渗流井水深 (m)	水头差 (m)	坡比 s
5	0.157 2	0.25	0.3	0.65	0.4	1∶1.5
6	0.131	0.25	0.25	0.65	0.4	1∶1.5
7	0.115 14	0.2	0.3	0.65	0.45	1∶1.5
8	0.232 68	0.3	0.35	0.4	0.1	1∶2
9	0.209 6	0.25	0.4	0.45	0.2	1∶2
10	0.191 9	0.2	0.5	0.5	0.3	1∶2
11	0.172 71	0.2	0.45	0.55	0.35	1∶2
12	0.157 2	0.25	0.3	0.65	0.4	1∶2
13	0.131	0.25	0.25	0.65	0.4	1∶2
14	0.115 14	0.2	0.3	0.65	0.45	1∶2.5
15	0.232 68	0.3	0.35	0.4	0.1	1∶2.5
16	0.209 6	0.25	0.4	0.45	0.2	1∶2.5
17	0.191 9	0.2	0.5	0.5	0.3	1∶2.5
18	0.172 71	0.2	0.45	0.55	0.35	1∶2.5
19	0.157 2	0.25	0.3	0.65	0.4	1∶2.5
20	0.131	0.25	0.25	0.65	0.4	1∶2.5
21	0.115 14	0.2	0.3	0.65	0.45	1∶2.5

本次弯道崩岸水槽试验操作过程如下：

(1) 为了保证试验土体尽可能与天然河岸原状土体接近，在试验前一天就按照试验组次的安排将弯道凹岸岸坡铺设成设计要求的尺寸，并保持 5 h 一次的洒水养护，使土体在重力作用下自然沉降，等待第二天上午开始进行正式的弯道崩岸试验。

(2) 试验开始阶段，首先从弯道进口缓慢进水，使水流以极小的流速进入弯道水槽，当坡前水位达到试验设定的额定主槽水位时，打开尾门，在水槽中形成均匀稳定的明渠弯道水流，与此同时，渗流井水位缓慢上升至崩岸试验设定的额定渗流井水位，并通过水位仪实时监测渗流井水位，如水位下降，则打开水泵缓慢补水。待一切就绪，启动孔隙水压力传感器量测设备及采集设备对土体内部各点位的孔隙水压力变化情况进行实时量测。弯道凹岸岸坡内的孔隙水压力数据的采集频率为 0.1 Hz，采集时间为崩岸发生全过程及崩岸发生后的 0.5 h。

(3) 从崩岸开始发生到结束，全程进行录像和文字记录，对崩岸发生、发展的顺序进行分析总结。

(4) 待弯道崩岸结束后，总结本次岸坡破坏形式、先后顺序及崩塌发生、发展全过程。

6.3.2 流滑型崩岸机理

1. 崩岸过程分析

在进行弯道崩岸水槽试验之前，先对弯道凹岸岸坡土体浇水养护，使沙体密实，第二天正式开始试验。根据对试验结果的分析，弯道凹岸岸坡失稳大致可分为以下几个阶段，分别为岸坡失稳起始阶段、岸坡失稳发展阶段、岸坡失稳剧烈变化阶段和岸坡失稳最终形成阶段，以上四个阶段可分别用图像进行说明(图 6.21 为岸坡初始形态)。

图 6.21　岸坡初始形态(坡比 1∶2.5)

图 6.22 中为崩岸发展第一阶段，该阶段水槽中已经形成了稳定的弯道水流，在弯道环流以及水流顶冲的综合作用下，岸坡坡面开始发生侵蚀，形成微小的裂缝，在液面与土坡的交界面附近，出现少量的岸坡土体崩塌的现象。随着越来越多的岸坡坡面土体发生裂缝，岸坡坡面的裂缝开始向着坡顶方向发展，坡顶的张力裂缝随之开始发展，该阶段渗流井水位还未达到崩岸试验额定渗流井水位，岸坡内部并未产生稳定的渗流。根据分析，此时发生的岸坡裂缝延展现象的主要原因来自弯道水流的淘刷及侵蚀作用，造成坡脚及液面位置土体的失稳塌落，该阶段发生的弯道水流侵蚀引起的岸坡土体滑落为后续的凹岸岸坡大规模崩塌起到了铺垫作用。

图 6.22 崩岸发展第一阶段

崩岸发展的第二阶段如图 6.23 所示，随着弯道水流对岸坡土体的进一步侵蚀，加之岸坡开始呈现悬臂梁式的形态，岸坡土体开始大块塌落进入主槽中，此时，渗流井中水位已经达到了试验额定水位，岸坡土体中已然形成了稳定的渗流侵蚀作用，在岸坡内部渗流和弯道水流的共同作用下，崩岸发展速度加快，岸坡的裂缝延伸到坡顶，坡顶张力裂痕深度加大，预示着弯道岸坡失稳进入了发展阶段。岸坡在第二阶段，由于受到弯道水流和渗流的双重侵蚀，弯道凹岸岸坡坡脚侵蚀加快。

图 6.23 崩岸发展第二阶段

崩岸发展的第三阶段如图 6.24 所示，弯道凹岸岸坡坡脚基本被水流侵蚀完毕，岸坡仅剩下悬臂式的坡顶土体结构，岸坡土体不断发生崩塌失稳，部分崩塌的土体随水流搬运到弯道下游或沉积在床面上，随着岸坡土体的不断崩塌，岸坡附近水体的紊动也不断地加剧，主槽中由于崩塌土块与水流相互作用，液面不断溅起水花。同时，岸坡土体表面局部区域也产生了微小孔隙流，部分土体发生液化。该阶段岸坡失稳崩塌剧烈，其主要原因为弯道水流对坡脚的进一步淘刷造成岸坡土体呈现悬臂式塌落以及岸坡土体塌落进入主槽后引起的岸坡附近水体紊动剧烈变化，同时土体内部稳定渗流导致的局部微孔隙流的出现且部分土体发生了液化现象。第三阶段中，弯道崩岸的主要形式为悬臂式崩塌以及流滑式崩塌。

图 6.24　崩岸发展第三阶段

崩岸发展的第四个阶段如图 6.25 所示，高耸的岸坡最终因重力作用，加之水流侵蚀以及渗流侵蚀作用而倾覆，岸坡坡顶整体发生绕轴崩塌和流滑现象，岸坡土体部分区域出现明显孔隙流，经过统计发现，弯道凹岸崩岸现象发生最剧烈的区域位于弯顶以下顶冲点附近以及弯道定、交界断面附近。弯顶以下顶冲点附近断面水流侵蚀十分剧烈并且伴随着明显的绕轴崩塌、微孔隙流现象，该区域的张力裂缝深度为岸坡坡高的 15%～25%。

弯道凹岸崩岸发生之后的最终岸坡形态如图 6.26，弯道弯顶下缘断面最终出现了窝崩，该窝崩的出现是多种因素共同作用的结果。其一为弯道环流的不断侵蚀、淘刷坡脚区域，造成弯道凹岸岸坡坡顶形成悬臂式结构，在重力的作用下，发生崩塌。其二为渗透侵蚀作用，由于岸坡土体内部产生了稳定的渗流作

图 6.25　崩岸发展第四阶段

用，岸坡表面局部产生了微孔隙流现象，岸坡部分深层土体产生了液化，引起了岸坡的崩退，岸坡表面土体也不断地滑移进入主槽中，也相应地导致岸坡附近水体的紊动更加剧烈，这也进一步加速了岸坡崩塌发展的进程。经过归纳总结发现，弯道崩岸开始于稳定均匀弯道水流的形成，在稳定渗流形成之后，崩岸速率进一步加快，在岸坡孔隙流和悬臂梁式岸坡结构形成之后，岸坡的全面崩塌局面形成。

图 6.26　崩岸最终形态(窝崩出现)

根据对弯道崩岸全过程的分析和研究发现，弯道崩岸与弯道水流侵蚀作用以及渗流下切作用关系密切，需要进一步分析弯道水流侵蚀与渗流下切分别对弯道崩岸的影响，接下来将对弯道水流侵蚀和渗流下切对于弯道崩岸的影响进行分析。

2. 断面岸滩演变分析

本次弯道崩岸模型试验应用 MATLAB 小波降噪工具箱以及 MATLAB 位移计算函数对崩岸试验图片进行处理，求解得到实测弯顶断面岸滩演变发展过程。MATLAB 工具箱具体操作及算法可参考李季平等人的相关研究。

在图 6.27 中，P 代表岸坡距离，Z 代表岸坡高程，弯道水槽弯顶断面在岸坡失稳的开始阶段，首先坡脚发生侵蚀，岸坡逐渐变陡，初步形成“高大陡坡”的形态，岸坡土体发生平面滑移崩塌，随着岸坡坡脚由于水流侵蚀以及渗流下切作用的双重作用，侵蚀加剧，岸坡变陡速率加快，随着岸坡坡顶张力裂缝加深，岸坡土体开始发生绕轴崩塌，崩塌土体落淤在岸坡坡脚后在较短的时间内被水流带走，最终弯道凹岸崩岸形成。通过对比分析可知，当断面平均流速较大时，岸坡坡顶崩退距离较大；当渗流水头差较大时，岸坡崩塌速度更快。

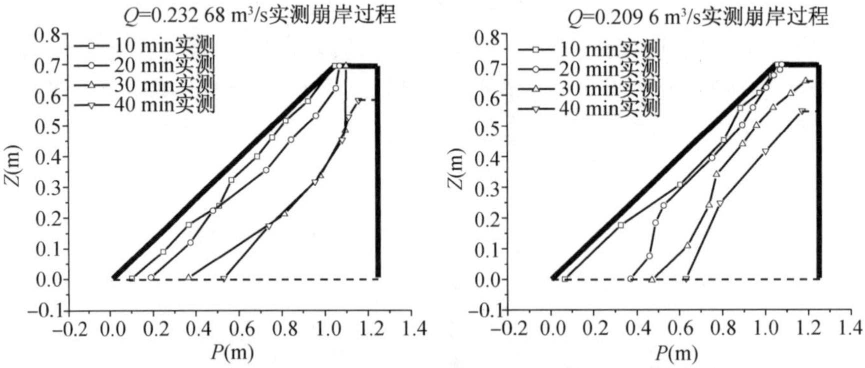

图 6.27　弯道凹岸弯顶断面实测岸滩演变过程图(坡比 1∶1.5)

3. 水流对崩岸的影响研究

根据对弯道崩岸 21 组试验的统计发现，弯道崩岸发生最剧烈的区域集中在弯道弯顶以下 7#、8#、9# 断面。7#、8#、9# 断面均为弯道环流作用较强，弯道水流顶冲区域。弯道初期的水流侵蚀发生在坡脚，伴随着凹岸岸坡坡脚不断受到环流的侵蚀，岸坡开始逐渐变陡，岸坡上层土体由于重力作用开始崩塌，形态逐渐呈现悬臂梁式结构。随着坡顶张力裂缝深度的加大，进而出现了岸坡土体绕轴崩塌的现象，部分岸坡土体也开始发生滑移。

根据记录，在进口流量为 0.191 9 m^3/s、坡比为 1∶1.5 情况下，崩岸试验开始 3～4 min 之后，岸坡坡脚侵蚀明显，岸坡土体表面裂缝出现，岸坡坡顶张力裂缝出现。崩岸试验开始 8 min 之后，弯顶下缘断面才开始出现绕轴崩塌现象，崩塌最严重区域位于弯道 7# 断面附近。崩岸试验开始 17 min 之后，7# ～8# 断面由于弯道环流的侵蚀作用，形成窝崩。

而在进口流量为 0.131 m^3/s、坡比为 1∶1.5 情况下，崩岸试验开始 9～10 min 之后才发现坡脚发生明显的侵蚀，崩岸试验开始 16 min 之后，弯顶下缘断面由于坡脚侵蚀，岸坡变陡，随之产生明显绕轴崩塌现象，在崩岸试验进行至 28 min，7# ～8# 断面形成窝崩。

经过对比可知，弯道水流的强弱是崩岸发展快慢的决定性因素，当弯道断面流速较强时，由于坡脚侵蚀较剧烈，岸坡坡比较早地发生变化，进而引起崩岸快速形成。而当上游来流一致的情况下，坡比为 1∶1.5 时的岸坡崩塌的速度明显快于坡比为 1∶2.5 时的岸坡崩塌速度。而当进口流量为 0.131 m^3/s、坡比为 1∶2.5 时，弯道弯顶以下并未产生窝崩，崩岸速度较其他组次缓慢，本次研究发现，在缓坡比、来流流量较小情况下，水流侵蚀并未造成岸坡崩塌，而此时造成崩岸的主要原因为渗流的侵蚀作用。

由表 6.7 可知，影响崩岸发展的决定性因素为弯道环流的作用，渗流并非决定性因素，但也在一定程度上影响了崩岸的发展，渗流的存在对崩岸的发生起到了一定的促进作用。

表 6.7　坡比 1∶1.5 时，崩岸发展时间

组次	进口流量 (m^3/s)	断面平均流速 (m/s)	水头差 (m)	坡脚侵蚀时刻 (min)	绕轴崩塌时刻 (min)	窝崩出现时刻 (min)
1	0.232 68	0.35	0.1	5～7	12	22
2	0.209 6	0.4	0.2	5～6	10	21
3	0.191 9	0.5	0.3	3～4	8	17
4	0.172 71	0.45	0.35	4～6	10	19
5	0.157 2	0.3	0.4	8～9	15	26
6	0.131	0.25	0.4	9～10	16	28
7	0.115 14	0.3	0.45	6～8	12	23

4. 渗流对崩岸的影响研究

在天然或者人工河道中，水位会由于径流、枢纽调节和调水过程而发生涨落，当河流中水位低于临近的地下潜水位时，地下水会透过岸坡渗入河道，形成入河渗流；相反，河道水位高于临近潜水位时，河道水位会反渗进入地下水，形成出河渗流，入河渗流以及出河渗流均会引起岸坡稳定性的变化，可能是诱发河道岸坡崩塌的关键因素之一。

在本次弯道崩岸试验中，试验人员在弯道凹岸布置渗流井，并设计渗流井水位高于主槽水位进而形成入河渗流。本次试验在凹岸岸坡土体内部布置了 6 台孔隙水压力计对存在入河渗流情况下的孔压变化进行量测，本节针对岸坡内部土体孔隙水压力变化与崩岸之间的关系进行分析(图 6.28)。

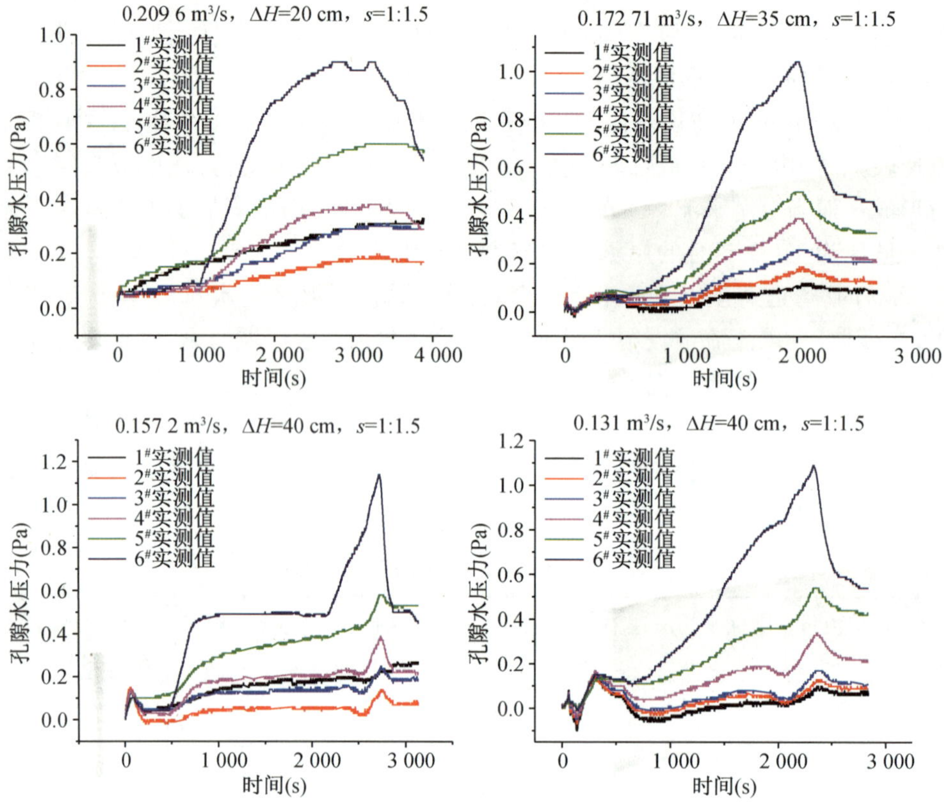

图 6.28　坡比 1∶1.5 时，实测孔压随时间变化示意图

在凹岸岸坡坡比 1∶1.5 时，随着水头差的增加，孔隙水压力极值相应增加。孔压分布由内至外呈现递减趋势。将孔压变化与岸坡崩塌记录对比可知，孔隙水压力变化曲线的拐点基本与崩岸发生、发展的几个重要阶段在时间上基本对应，孔隙水压力的上升拐点预示了弯道凹岸渗流侵蚀的开始，孔隙水压力下降的拐点表明此时岸坡失稳基本已经形成，岸坡崩塌的速度已经减弱。

在图 6.29 中，左侧图与右侧上图为孔隙水压力传感器布置在弯顶断面时的孔压随时间变化图，而右侧下图为孔隙水压力传感器布置在 8# 断面时的孔压随时间变化图。经过对比可知，弯顶断面的孔压极值小于 8# 断面的孔压极值，说明 8# 断面的渗流侵蚀作用强于弯顶断面，这表明弯道水流侵蚀剧烈区域对应的渗流侵蚀也更加剧烈。通过对比不同岸坡坡比情况下的岸坡内部孔压变化发现，坡比变化与孔压变化无关。

本次研究还尝试分析了弯道凹岸岸坡内部孔隙水压力极值与主槽渗流井水头差之间的函数关系。由图 6.30 所示，在主槽渗流井水头差小于 0 时，孔隙水压力的极值基本处于一个区间之内，而当渗流井主槽水头差大于 20 cm 时，土体内部孔隙水压力极值发生明显的增加然后减小的趋势，极值点发生在 35 cm 附近。而且，主槽渗流井水头差大于 35 cm 时，孔隙水压力极值出现减小的趋势。可以说明，主槽—渗流井之间水头差与孔隙水压力之间存在某种相关关系，而且该种相关关系也与土体性质有关。

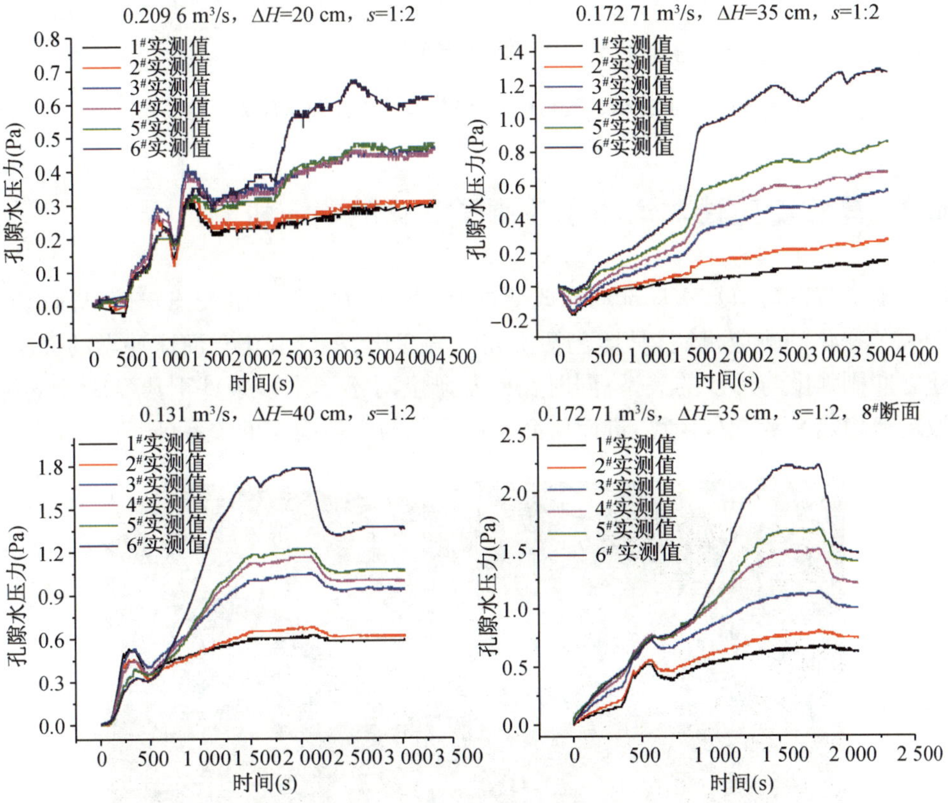

图 6.29　坡比 1∶2 时，实测孔压随时间变化示意图

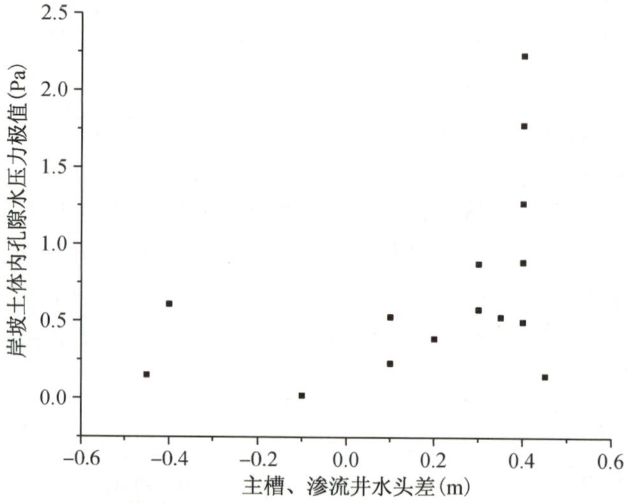

图 6.30　弯道主槽、渗流井水头差与岸坡内孔隙水压力极值关系

6.4　岸坡稳定性对河道水沙因子变化的响应机制

本章节在弯道水槽局部动床改造的基础上，重点研究岸坡稳定性对河道水沙因子变化的响应机制，具体包括研究沙量变化、水量变化与河床冲淤的关系，建立冲刷强度与水沙的关系；同时在此基础上对不同水沙条件下典型断面的岸坡抗滑稳定系数进行计算，进而研究水沙变化与岸坡稳定的关系(图 6.31)。

图 6.31　水槽动床铺沙

6.4.1 试验条件及工况

结合弯道水槽，对其进行动床局部改造，模型沙采用防腐处理的木粉。因长江中悬移泥沙大部分为冲泻质，造床泥沙含量约占悬移质的15%，故试验加沙仅考虑造床泥沙。

为分析水沙因子与河道冲淤相应关系，试验重点研究沙量变化与河床冲淤的关系以及水量变化与河床冲淤的关系，建立水沙与冲刷强度的关系。在此基础上，分析不同岸坡条件下的稳定性，进而研究水沙变化与岸坡稳定的关系，主要内容如下：

(1) 相同流量、不同来沙量，岸坡(未守护)

重点关注沙量减少后未护岸状态下弯道段冲淤变化及岸坡坡脚处的最大冲深，探讨冲刷强度与来沙量的关系。试验水流条件相当于天然河流的中水流量，河床泥沙中值粒径取为0.2 mm(表6.8)。

试验时，断面平均流速约0.12 m/s，平均水深14 cm，加沙量小于水流挟沙力。

表6.8 试验组次

工况	模型流量(m^3/s)	试验时间(h)	模型含沙量(kg/m^3)
工况1	0.06	5	0
工况2	0.06	5	0.3
工况3	0.06	5	0.45
工况4	0.06	5	0.6
工况5	0.06	5	0.9

(2) 相同流量、不同来沙量，岸坡(守护)

分析有护岸条件下河床冲淤与沙量因子的关系，试验对弯道凹岸侧进行守护，其防护范围一般在高程0～−10 m，试验水沙条件与无守护条件下相同(表6.9)。

表6.9 试验组次

工况	模型流量(m^3/s)	试验时间(h)	模型含沙量(kg/m^3)
工况1	0.06	5	0
工况2	0.06	5	0.3
工况3	0.06	5	0.45
工况4	0.06	5	0.6
工况5	0.06	5	0.9

(3) 相同沙量、不同流量,岸坡(未守护)

三峡水库蓄水后,水量年际间总体变化不大,但年内各月份有所调整。本组试验重点关注水量变化后弯道段冲淤变化及岸坡坡脚最大冲深,探讨冲刷强度与来水量关系(表 6.10)。

表 6.10 试验组次

工况	模型流量(m^3/s)	试验时间(h)	模型含沙量(kg/m^3)
工况 1	0.06	5	0.9
工况 2	0.14	5	0.9
工况 3	0.12	5	0.9
工况 4	0.075	5	0.9
工况 5	0.09	5	0.4
工况 6	0.075	5	0.4
工况 7	0.06	5	0.4

(4) 水沙因子变化对河床的冲淤影响试验工况

三峡水库蓄水后年内水量过程发生一定的变化,但总的水量变化不大。通过水槽概化试验比较,三峡水库蓄水前后河床冲淤变化,分析研究沿程断面变化特征,滩槽变化,近岸冲刷,岸坡稳定等(表 6.11)。

表 6.11 试验组次

工况	模型流量(m^3/s)	试验时间(h)	模型含沙量(kg/m^3)
工况 1	0.09	5	0.3
工况 2	0.05	5	0.6
工况 3	0.12	5	0.9
工况 4	0.075	5	0.4

6.4.2 水沙变化与岸坡稳定作用机制

冲积河流泥沙输移符合幂律函数关系,即来水来沙的输沙率幂律经验公式可表示为:

$$Q_S = KS^aQ^b \tag{6-27}$$

$$a = e^{-\frac{\alpha_* \omega}{q}x} \tag{6-28}$$

式中,Q_S 为某断面输沙率,Q 为流量,S 为上游来沙量,K 为输沙系数,a 、b 为输沙指数，x 为纵向沿程距离进口断面的距离，ω 为泥沙沉速，α_* 为泥沙恢复饱和系数，q 为单宽流量。

从上式分析可知，对于某一固定断面，相同泥沙、相同单宽流量条件下，a 为某常数。假定断面以垂直变化为主 $H = f(S) \propto S^a$，则有 $(H_1 - H_0) \propto (S_1^a - S_0^a)$。

根据相关文献，水流冲刷强度与河道断面形态尺度具有相关性，在实测水文资料统计和实测断面水深变化的相关性方面，一般认为近岸河道形态尺度与水沙条件之间存在定量关系，可用下式表示：

$$H \propto \frac{Q^2}{S} \Rightarrow H = f\left(\frac{Q^2}{S}\right) \tag{6-29}$$

式中，H 为特征水深，可表示为 $\frac{Q^2}{S}$ 的函数，$\frac{Q^2}{S}$ 代表某一时段内水体的冲刷强度，其中 Q 为流量，S 为悬移质含沙量。

设想某一河段，在同等水流作用时间长度下，同一流量 Q，两个不同的含沙量 S_0、S_1，对应两个不同的特征水深 H_0、H_1，将上式进行变换，则有

$$(H_1 - H_0) \propto \left[f\left(\frac{1}{S_1}\right) - f\left(\frac{1}{S_0}\right)\right] \tag{6-30}$$

结合幂律函数关系式，可将上式写为：

$$(H_1 - H_0) \propto (S_1^{-1} - S_0^{-1}) \tag{6-31}$$

(1) 无防护条件下沙量变化与冲刷深度变化的关系分析

根据实验成果，仅选取最大冲深出现的断面进行分析，可将数据进行统计分析。特征选取最深点的水深为特征水深，实测数据见图 6.32，对于任意的两组不同含沙量 S_i 和 S_j，$\Delta H = (H_j - H_i)$ 与 $\Delta(S^{-1}) = (S_j^{-1} - S_i^{-1})$ 呈线性关系，当 $\Delta(S^{-1} = 0)$ 时，$\Delta H = 0$。

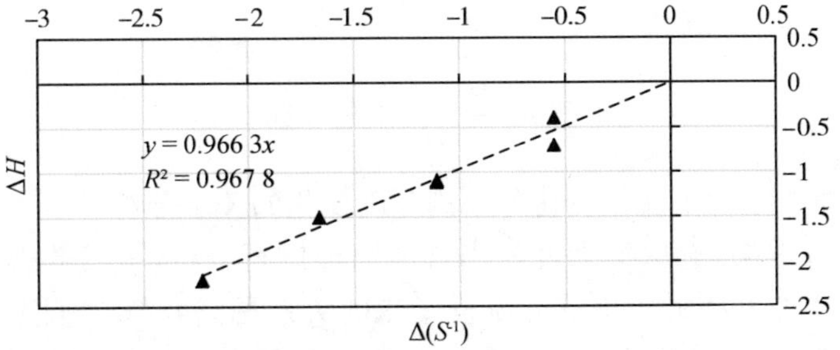

图 6.32　无防护条件下冲刷变化量与含沙量的关系

可写为：

$$dH = 0.9663 d(S^{-1}) \tag{6-32}$$

则有 $H=\frac{c_1}{S}+c_2$，c_1，c_2 为常数，可根据数据拟合求解。假定初始未冲断面特征水深为 0，H 可理解为冲刷深度，取正值，则无防护条件下冲刷深度具体解如下：

$$H=\frac{0.9663}{S}+5.78 \tag{6-33}$$

根据上式，若 $S=0$，则有 $H\to\infty$，但模型试验做了清水冲刷试验，实际情况是 $S=0$ 时，$H=11.6$，用上式反算，当 $H_{max}=11.6$ 时，对应的含沙量为 $S=0.17\ kg/m^3$。

(2) 防护条件下沙量变化与冲刷深度变化的关系分析

根据实验成果，采取和无防护条件下的方法进行分析，仅选取最大冲深出现的断面进行分析，可将数据进行统计分析。防护条件下冲刷变化量与含沙量的关系见图 6.33。

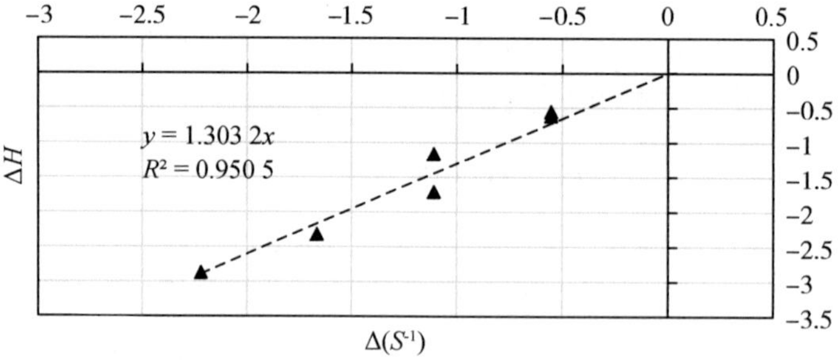

图 6.33　防护条件下冲刷变化量与含沙量的关系

假定初始未冲断面特征水深为 0，H 可理解为冲刷深度，取正值，则防护条件下冲刷深度具体解如下：

$$H=\frac{1.3032}{S}+5.66 \tag{6-34}$$

(3) 无防护条件下流量变化与冲刷深度变化的关系分析

根据实验成果，选取最大冲深出现的断面进行分析，可将数据进行统计分析。无防护条件下冲刷变化量与流量变化的关系见图 6.34。假定初始未冲断面特征水深为 0，H 可理解为冲刷深度，取正值，无防护条件下冲刷深度具体解如下：

$$H=1.183\times\frac{Q^2}{10^8}+5.96 \tag{6-35}$$

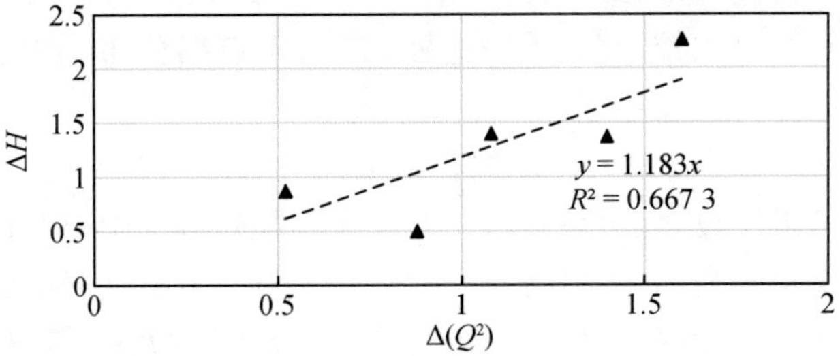

图 6.34　无防护条件下冲刷变化量与水量变化量的关系

(4) 水沙因子与冲刷深度的关系分析

① 水沙单因子分析

为了更好地研究分析水沙因子(含沙量、水量)与冲刷深度的关系,本次对无防护条件下试验数据进行了整理分析,其关系见图 6.35(a)、(b)。

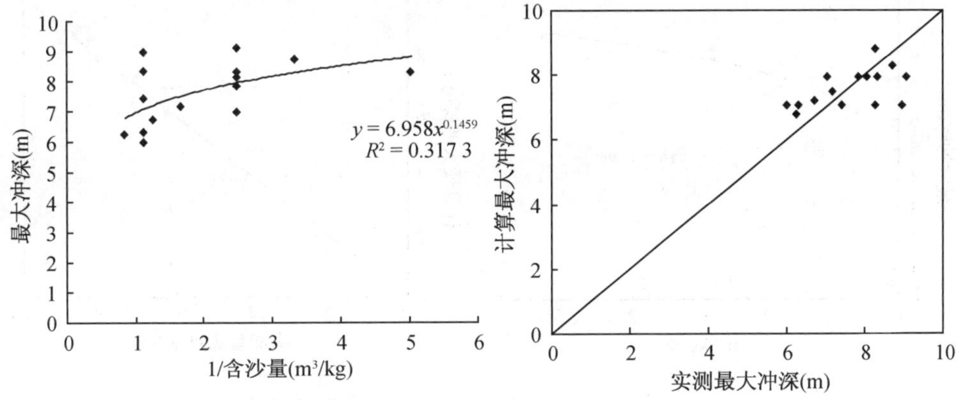

(a)

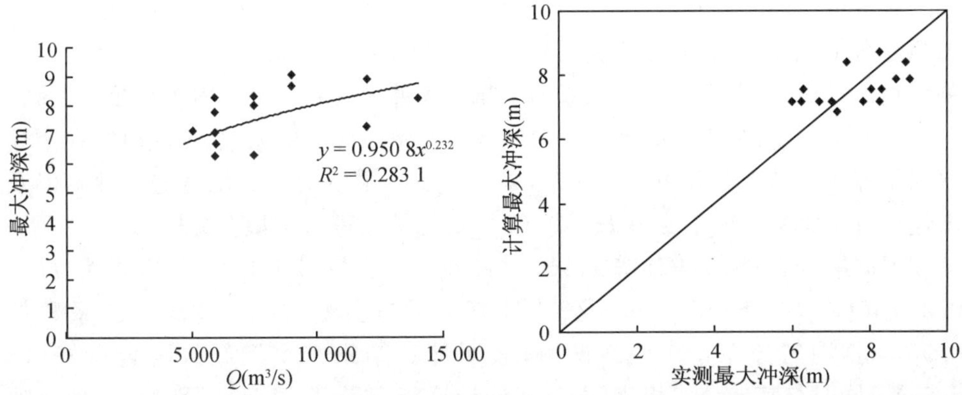

(b)

图 6.35　水量与冲刷深度关系以及实测与计算比较

图 6.35(a)为含沙量与最大冲深拟合结果，表达式为 $H=6.958(1/S)^{0.1459}$。计算结果与实测结果比较，相关系数达到 0.56，且点据分布于中心线两侧，表明含沙量与最大冲深关系还是存在一定关系的。

图 6.35(b)为水量与最大冲深拟合结果，表达式为 $H=0.9508(Q)^{0.232}$。计算结果与实测结果比较，相关系数约 0.53，点据虽分布于中心线两侧，但计算结果变化范围略小于实测结果。实际上从实测点据—计算点据的分布来看，实测冲深范围略大于计算冲深范围，即不论是水量与冲深的关系、含沙量与冲深的关系，单一因子均难以较为准确地反映实际冲深的变化规律。

② 水沙复合因子分析

本研究利用以往的研究成果，对水量、含沙量与最大冲深进行了拟合，表达式为 $H=7.5377(Q^2/S/10^8)^{0.1693}$，拟合公式计算结果与实测结果的比较见图 6.36。

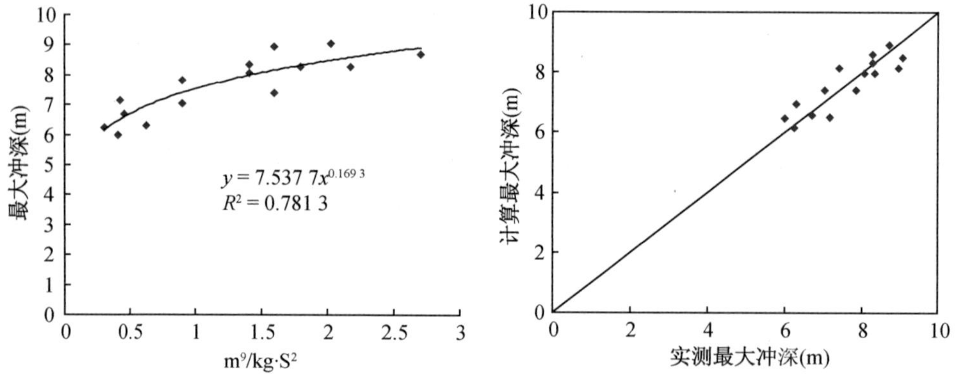

图 6.36　含沙量、水量与冲刷深度关系以及实测与计算比较

从图可以看出，计算结果与实测结果比较相关系数达到 0.88，点据比较均匀地分布于中心线两侧，曲线关系较好。含沙量以及水量等单因子与最大冲深关系相比，复合因子反映出来的双因子与最大冲深关系精度获得了长足的提高。

在此基础上，为了更好地分析含沙量以及水量因子的系数，本次研究在上述单因子等成果基础上利用实验数据，采用最少二乘法对冲刷深度与含沙量以及水量进行了研究。其主要对 $H-Q^a(1/S)^b$ 的关系进行了拟合分析。

根据最少二乘法的计算结果，含沙量、水量与最大冲深表达式为 $H=0.3961Q^{0.3178}(1/S)^{0.1878}$；拟合公式计算结果与实测结果的比较相关系数约 0.95，点据均匀分布于中心线两侧，表明计算结果与实测结果吻合良好(图 6.37)。同时与其他公式相比，本公式的计算精度最高，并且能同时良好地反映水量及含沙量分别对最大冲深的影响权重。

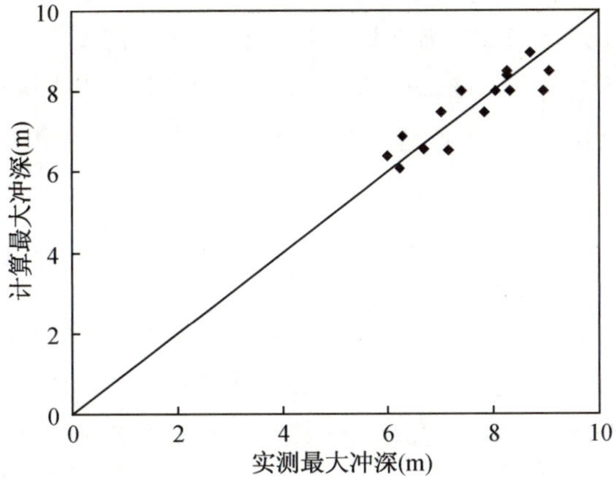

图 6.37　拟合公式计算及实测与计算比较

6.4.3　岸坡稳定与河床冲淤关系

为分析岸坡稳定与河床冲淤的关系，对不同水沙条件下典型断面的岸坡抗滑稳定系数进行计算，进而分析抗滑稳定系数与水沙变化的关系。

(1) 计算理论

根据《堤防工程设计规范》(GB 50286—2013)附录 F，抗滑稳定计算采用瑞典圆弧法，因对土体抗剪强度计算方法的不同，分为总应力法和有效应力法。

① 总应力法：

施工期抗滑稳定安全系数可按下式计算：

$$K = \frac{\sum (C_u b\sec\beta + W\cos\beta\tan h\varphi_u)}{\sum W\sin\beta} \tag{6-36}$$

水位降落期抗滑稳定安全系数可按下式计算：

$$K = \frac{\sum [C_{cu} b\sec\beta + (S\cos\beta - u_i b\sec\beta)\tan h\varphi_{cu}]}{\sum W\sin\beta}$$

$$W = W_1 + W_2 + \gamma_w Z b \tag{6-37}$$

② 有效应力法：

稳定渗流期抗滑稳定安全系数可按下式计算：

$$K = \frac{\sum \{C' b\sec\beta + [(W_1 + W_2)\cos\beta - (u - Z\gamma_w) b\sec\beta]\tan\varphi'\}}{\sum (W_1 + W_2)\sin\beta} \tag{6-38}$$

式中，b 为条块宽度，m；W 为条块重量，$W=W_1+W_2+\rho_w Zb$，kN；W_1 为在堤外坡水位以上的条块重力，kN；W_2 为在堤外坡水位以下的条块重力，kN；Z 为堤外坡水位高出条块底面中点的距离，m；u 为稳定渗流期堤身或堤基中的孔隙压力，kPa；u_i 为稳定渗流期堤身或堤基中的孔隙压力，kPa；β 为条块重力线与通过此条块底面中点的半径之间的夹角(°)；γ_w 为水的重度，kN/m³；C_u，φ_u，C_{cu}，C'，φ' 为土的抗剪强度指标。

(2) 水沙变化与岸坡稳定的关系初探

在上述计算分析的基础上，本次研究对岸坡稳定系数的变化与含沙量的变化值进行了初步分析。无防护条件下岸坡稳定变化与含沙量变化关系见图6.38。由图可见，随着含沙量的变化，河床冲淤也发生相应的调整，岸坡的稳定系数也发生相应的调整。

从岸坡稳定系数变化与含沙量变化关系初步研究可知，岸坡稳定系数随着含沙量的增加而增大，其相关关系 $y=0.21x-0.0295$。

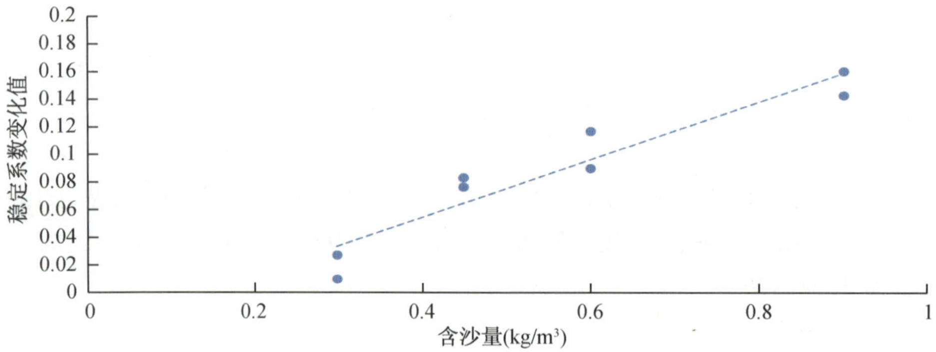

图 6.38　岸坡稳定系数与含沙量关系(无防护条件)

第七章

护岸工程实践及主要经验

7.1 长江中下游护岸工程实践

7.1.1 护岸工程现状

长江中下游河道两岸边界条件大多为冲积平原二元结构，上层黏性土层是悬移质中的细颗粒泥沙（大多数情况属于粉质壤土），具有一定的抗冲性，下层是沉积物中由松散颗粒中的细沙组成的河床相，抗冲性较弱。在三峡工程蓄水后新的来水来沙条件下，水流与河床相互作用，河道演变十分复杂，河道崩岸频繁。因此，崩岸治理是中下游河道治理及航道整治工程的一项基本任务。

护岸工程作为崩岸治理的基本措施，是对原有天然岸坡采用加固的措施，用以减少河道水流、船行波对岸坡的冲蚀和淘刷，亦可避免船舶停靠时对岸坡的破坏，对稳定河道和航道边界起着十分重要的作用，同时也可以减少两岸水土流失。因此，长期以来，崩岸治理工程受到水利部门和航道部门的重视。据不完全统计，至 1998 年前，长江中下游累计完成护岸长度 1 189 km；1998 年大洪水后，长江水利委员会组织实施了长江重要堤防隐蔽工程，在全面加高加固中下游干流堤防的同时，对直接危及干流重要堤防安全的崩岸段和少数河势变化剧烈的河段进行了治理，累计护岸总长 436 km；2003 年三峡水库蓄水运用后，为保障防洪安全，维护河势稳定，2003—2013 年中下游干流河道完成治理长度约 594 km。此外，为充分发挥长江中下游“黄金水道”的航运功能，自 20 世纪 90 年代以来，交通运输部持续开展了长江中下游航道整治工作（见表 7.1），重点对碍航水道崩岸段及洲滩进行了守护。

表 7.1 "十五"规划以来长江干线中下游航道建设项目情况表

长江干线

编号	整治工程名称
1	"十五"规划长江航道清淤应急工程(14 处重点浅滩:上游 1 处,中游 8 处,下游 5 处)

中游

编号	整治工程名称	编号	整治工程名称
1	两坝间乐天溪航道整治工程	15	陆溪口水道整治工程
2	荆江航道整治工程	16	嘉鱼至燕子窝段航道整治工程
3	枝江至江口河段航道整治一期工程	17	天兴洲河段航道整治工程
4	沙市河段航道整治一期工程	18	罗湖洲水道整治工程
5	沙市河段腊林洲守护工程	19	湖广—罗湖洲河段航道整治工程
6	瓦口子水道航道整治控导工程	20	戴家洲水道航道整治一期工程
7	马家咀水道一期工程	21	戴家洲河段戴家洲右缘守护工程
8	瓦口子至马家咀河段航道整治工程	22	戴家洲河段航道整治二期工程
9	周天河段控导工程	23	牯牛沙水道航道整治一期工程
10	藕池口水道航道整治一期工程	24	牯牛沙水道航道整治二期工程
11	碾子湾水道整治工程	25	武穴水道整治工程
12	窑监河段航道整治一期工程	26	新洲—九江河段航道整治工程
13	窑监河段乌龟洲守护工程	27	张家洲南港水道整治工程
14	界牌河段航道整治二期工程	28	张家洲南港上浅区航道整治工程

下游

编号	整治工程名称	编号	整治工程名称
1	马当河段航道整治一期工程	9	黑沙洲水道整治工程
2	马当南水道整治工程	10	黑沙洲水道航道整治二期工程
3	东流水道整治工程 *	11	江心洲至乌江河段航道整治一期工程
4	东流水道航道整治二期工程	12	江心洲河段航道整治工程
5	安庆水道航道整治工程	13	口岸直水道航道治理鳗鱼沙心滩头部守护工程
6	太子矶水道中段炸礁工程	14	福姜沙水道航道治理双涧沙守护工程
7	太子矶水道拦江矶炸礁工程	15	南京以下 12.5 m 深水航道一期工程
8	土桥水道航道整治一期工程	16	南京以下 12.5 m 深水航道二期工程

* 本表按实施工程河段的位置,自上游向下游的顺序列出

7.1.2 护岸工程技术实践

70多年来，经过不断探索与发展，对护岸工程的破坏机理、护岸效果和施工方法进行了大量的试验研究，揭示了不同类型护岸的破坏机理，长江中下游护岸工程技术在实践中积累了丰富的经验，也取得了一些技术性突破。

1. 护岸结构型式

由传统的守点工程（包括矶头、丁坝等），改为斜坡式护岸、直立式护岸、斜坡式与直立式组合的混合结构型式，形成了规范性文件《长江中下游平顺护岸工程设计技术要求（试行）》（2000年）、《长江中下游护岸工程技术要求（试行）》（2003年）等护岸设计技术规范，并逐步在工程实践中被广泛采用。

斜坡式、直立式、混合式三种结构型式见图7.1所示。

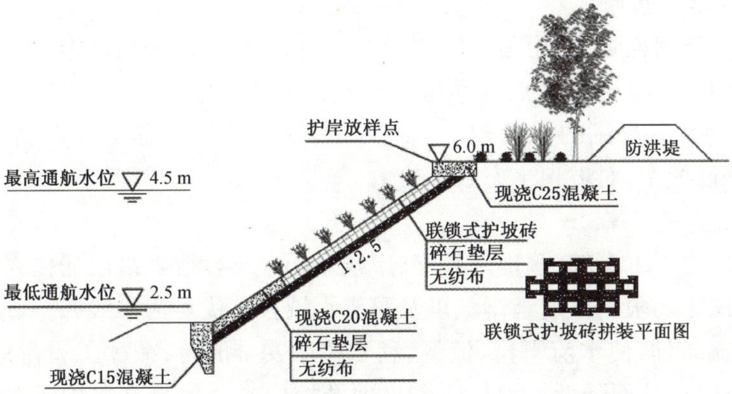

(a) 斜坡式护岸

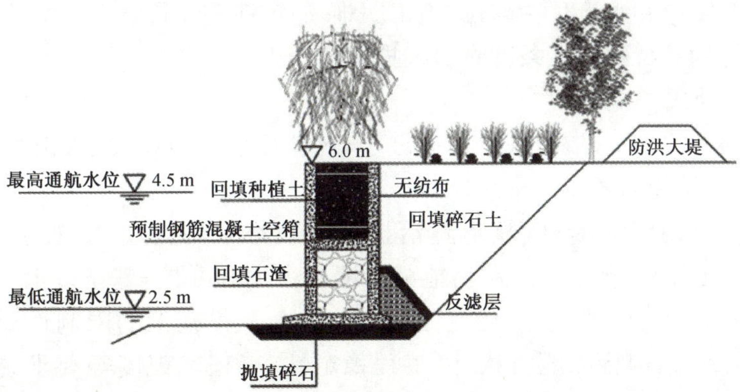

(b) 直立式护岸

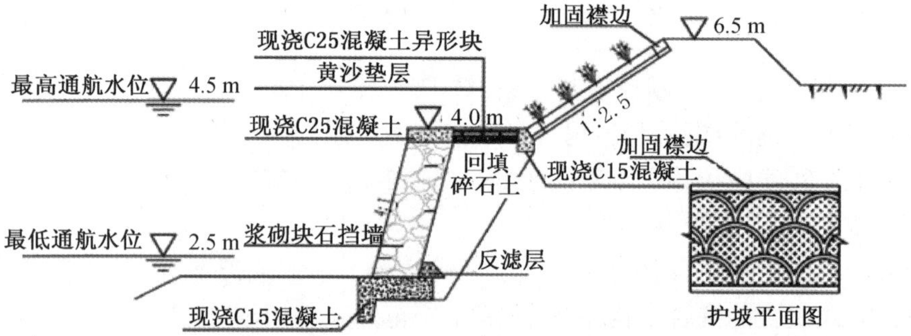

(c) 斜坡式与直立式组合的混合式护岸

图 7.1 护岸结构型式

(1) 斜坡式护岸

主要用于河面宽阔、土地资源相对宽松的航道岸坡，是长江中下游最常用的护岸结构型式。其主要优点为顺应河岸形态护岸，整体结构稳定可靠，施工便利，维护方便，对水流的干扰较小。缺点是若岸坡较陡，需要削坡，增加土地开挖、青苗补偿成本，对坡顶生态破坏较大。

(2) 直立式护岸

一般应用于水深较深、地基较好、岸线纵深较小，城镇、沿岸居住人口密集或土地资源缺乏的限制性航道岸坡以及码头水域。其优点为岸线齐整，墙面顺直，改善了水流条件，使水流平稳、流畅，利于船舶安全航行；减少工程占地、房屋拆迁和土地开挖，从而降低占地拆迁和土地开挖成本。但直立式护岸对河床地基的承载能力要求较高，结构抵抗地基土不均匀，沉降能力差，局部容易塌陷，特别在长江深泓贴岸和水流顶冲部位，施工困难，稳定性差。长江中下游河道由于其河岸二元结构的特殊地质条件直立式护岸很少用。

(3) 混合式护岸

相对斜坡式护岸，混合式护岸削坡小，对坡顶生态破坏较小；相对直立式护岸，对地基要求相对较低。

长江中下游河道治理、航道整治护坡一般都采用斜坡式，对于防洪险工段，由于岸线离大堤较近，应尽可能减少滩地占用和开挖，基于以上考虑，需采用减少岸线占用的护坡结构及施工工艺。结合工程施工的限制性要求，考虑岸坡河岸二元结构特殊地质条件、工程稳定性、工程美观度等要求，提出了在岸坡的上部采用直立式自嵌式加筋挡土墙、钢丝网石笼挡墙等直立式挡墙结构，挡墙往下采用斜坡式护岸，例如长江中游周天藕河段新厂高滩护岸工程、沙埠矶护岸工程及大马洲水道丙演洲护岸工程就采用了混合式护岸结构(如图 7.2 所示)。

图 7.2　混合式护岸结构型式(长江中游周天藕河段)

2. 护岸材料

(1) 护岸护底

20 世纪 50 年代至 70 年代,主要采用抛石、柴排、柴枕;20 世纪 80 年代后,护底材料开始采用混凝土铰链排、透水框架、系结混凝土块软体排、联锁块软体排、沙肋软体排及钢丝网石笼等新材料和新结构(图 7.3),如在武汉河段天兴洲右缘实施了铰链混凝土沉排护岸工程;1996 年,在九江长江益公堤东升段采用了四面六边透水框架;20 世纪 90 年代初开始,系结混凝土块软体排在长江中下游航道整治工程中有所应用;2015 年网模卵石排护脚工程技术应用于湖南七弓岭弯道段。

(2) 护岸护坡

传统护坡有干砌块石、浆砌块石、混凝土预制块、模袋混凝土等,开始采用联锁式护坡砖、宽缝加筋生态混凝土、钢丝网石垫、生态袋、三维加筋网垫及生态混凝土等新材料和新结构(图 7.4),如 2011 年宽缝加筋生态混凝土护坡技术应用于湖北省监利县杨岭子和观音洲段;模袋混凝土护岸较早应用于江西九江彭泽县马湖堤段,随后在九江县永安堤、江新洲堤,上荆江文村夹等先后实施;新洲-九江河段、马当河段、土桥水道航道整治工程中,应用了联锁式护坡块结构;长江中游戴家洲河段航道整治二期工程及长江中游荆江周天河段航道整治工程中,应用了植生型钢丝网格;2006 年钢丝网格在马家咀水道、嘉鱼—燕子窝水道等航道整治工程中开始加以应用,后来在藕池口水道、瓦口子水道、枝江—江口河段、张南水道、安庆水道等航道整治工程中,都大面积使用了钢丝网格作为护岸工程的护面面层,并取得了较好的生态效果。

图 7.3　护底新材料和新结构

(a)

(b)

图 7.4　护坡新材料和新结构

7.2　护岸工程设计经验

通过 70 余年长江中下游干流河道崩岸治理的实践，无论是护岸工程的规划、研究、设计及施工，还是运行管理等方面均取得了丰硕成果，积累了丰富经验。笔者在从事长江护岸工程设计中也积累了一些经验和体会，具体如下。

7.2.1　加强岸坡水下护底

崩岸是在重力与水流切应力双重作用下发生的，长江中下游河道的河岸组成基本上为二元结构，黏性土层在长江水流条件下很难被冲动，而下层粉细沙则非常容易达到起动状态，并随水流发生输移。因此，上层黏性土层在崩岸过程中一般不是直接受水流冲刷变形，而是由于下层河床相中的细沙受冲刷后，岸坡变陡失去稳定而滑入水中。因此，崩岸治理重点在岸坡水下护底、镇脚。

(1) 钢丝网石笼护底

钢丝网石笼具有生态性、自透水性、整体性、抗冲刷性、耐腐蚀性的柔性防护结构，比散抛石护岸有更强的整体性，护岸效果好，耐久性高，施工条件简便，工程计量方便，不易出现虚方，常运用于崩岸较剧烈的岸段。20 世纪 90 年代末，在下荆江湖南段的迎流顶冲段实施了钢丝网石笼护岸。近年来，在长江中下游崩岸应急治理工程和建筑物航道整治工程中已得到广泛应用(图 7.5)。

图 7.5　钢丝网石笼护岸

(2) 透水框架

透水框架是一种具有减速、消能、促淤作用的构件，该构件重心低，自身稳定、平衡性好，当水流通过时，利用本身构件来逐渐消减水流的动能，减缓流速，即使在水流冲击下发生位移、滚动，也能保持高度不变，继续能起到保护堤岸坡脚、稳定滩体、减小冲刷、促淤造滩等作用。1996 年，在九江长江益公堤东升段采用了四面六边透水框架，2001 年，在长江江新洲洲头北岸岸坡抛投了四万架四面六边体透水框架群(图 7.6)。近几年，在长江中下游建筑物航道整治工程中已得到广泛应用。

图 7.6　四边六面透水框架群护岸

(3) 设置水下抛石堰坎

当护岸工程所在位置护底范围出现近冲远淤现象，即护底范围近岸侧以冲刷后退为主，距河心侧表现为整体微淤，此时，考虑到护岸工程整个护底区域河床稳定，可以间隔布置抛石堰坎，可以减小护岸坡脚处流速，对维护坡脚稳定有利，如对荆江河段大马洲水道丙演洲高滩守护工程进行了此应用。

7.2.2 加强岸坡排水措施

黏性土层渗透系数相对较低，使得河岸土体内部潜水位变化滞后于河道水位，产生指向坡外的拉应力(渗透压力)，并且浸泡后的土体内摩擦角与黏聚力减小、自身容重增大，再加上支撑坡体的静水压力迅速消失，以及坡趾部分受流水淘刷作用的影响，导致边坡的失稳破坏。因此，岸坡排水是护岸工程稳定的基础，关系到工程成败。

(1) 盲沟设计

在岸坡上层黏性土层夹带粉沙层等条件，护岸施工时沙层透水，易产生流沙、管涌等问题，脚槽处沙层易冲刷。为此，加大盲沟尺寸和加密盲沟密度，以利渗流水的快速排出，防止流沙现象，保证护岸的稳定。如在藕池口心滩护岸施工中出现了渗流，渗流对其下部坡面造成较严重的冲刷现象(图 7.7)。

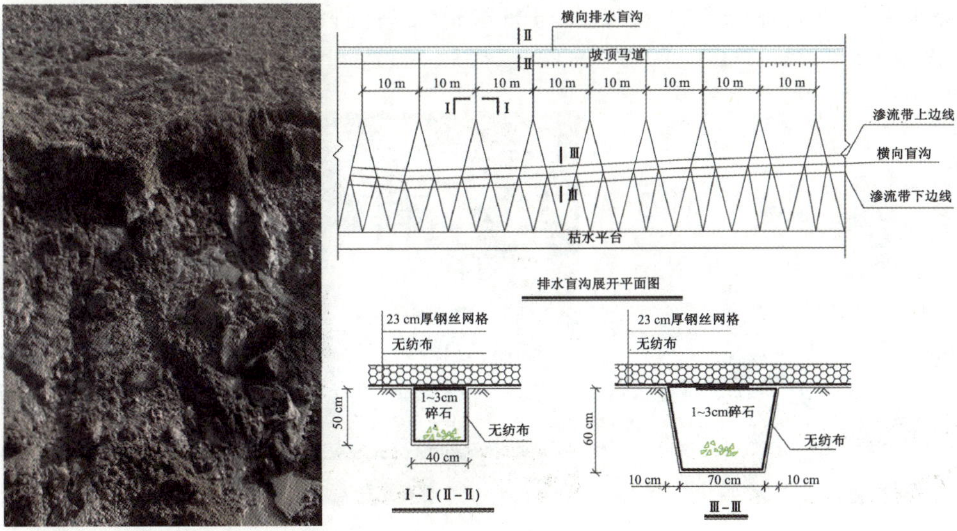

图 7.7 加大加密坡面盲沟设计

(2) 排水垫

排水反滤新结构——排水垫代替原有反滤结构(碎石垫层、黄沙、无纺布等)，排水垫具有抗压屈服强度高、通水量大、施工便捷等优点，在荆江河段航道整治工程的不良地质岸段进行了大量应用，经过三个洪水期的考验，护岸整体稳定，未见局部塌陷、鼓包和整体的崩塌现象，达到了预期效果(图 7.8)。

图 7.8　排水反滤新结构——排水垫

(3) 排水管

在岸坡上层黏性土层夹带淤泥层等条件，水平排水管能够加快水位降落期岸坡地下水的排出，汛后退水期的排水效果良好。水平排水管在荆江河段斗湖堤水道江陵高滩守护工程及大马洲水道大马洲高滩守护工程进行了应用(图 7.9)。

图 7.9　水平排水管

7.2.3　合理安排施工顺序

枯水平台将护岸施工分为水上施工和水下施工，水上施工往往安排枯水期，此时，岸坡地下水位一般高于长江水位，会产生渗流水压力，岸坡开挖会产生附加土压力和坡顶机械荷载，如果施工顺序安排不当可能就会发生岸坡崩塌。为了抵抗渗流水压力、附加土压力和坡顶机械荷载对岸坡的作用，岸坡施工前必须实施水下抛枕补坡和水下抛石镇脚，如荆江周天河段天星洲护岸工程施工中出现岸坡崩塌现象（图 7.10）。因此，护岸施工顺序为：抛枕补坡→水上沉排→镇脚抛石（本坡开挖）→筑枯水平台（镇脚抛石）→陆上护坡（排上抛石）。

图 7.10　施工中岸坡崩塌及优化后施工顺序

7.3　护岸工程设计案例

7.3.1　长江中游荆江周天河段护岸工程

1. 河段及工程概况

周天河段位于长江中游荆江河段，上起郝穴，下迄古长堤，全长 27 km，见图 7.11。该河段上与郝穴水道相连，下与藕池口水道相接，以胡汾沟为界自上而下分为周公堤和天星洲两个水道，水道内边滩交错，自上而下有戚家台边滩、九华寺边滩、周公堤心滩、蛟子渊边滩、新厂边滩、陀阳树边滩、天星洲洲体。

20 世纪初期，周天河段已发展成为单一河道，1933 年本河段上、下边滩初步定型，基本形成目前的河势。三峡工程蓄水前，周天河段河床演变主要表现为洲滩的消长和过渡段深泓平面位置的摆动。

周公堤水道为进口受郝穴矶头限制的微弯放宽河道，水道内有九华寺边滩、戚家台边滩、蛟子渊边滩及周公堤心滩等淤积体，构成上起上码头，下至蛟子渊的滩脊，将靠左岸一边的上深槽与右岸一边的下深槽隔开，主流自上深槽翻越滩脊向下深槽过渡。周公堤水道过渡槽位置极不稳定，变动范围最大达 10 km。

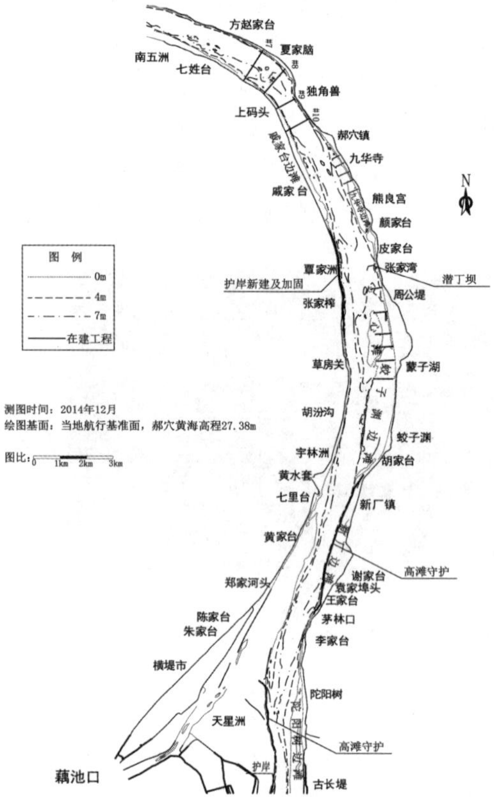

图 7.11　周天河段河势图及位置

天星洲水道为顺直放宽并有藕池口分流的喇叭形河道，自胡汾沟至古长堤，长约 16 km。进口胡汾沟附近，河道宽 1 800 m，到黄水套缩窄为 1 300 m，黄水套以下又逐渐放宽，至陀阳树附近最宽达 4 000 m 以上(包括天星洲)。河道左侧有新厂边滩和陀阳树边滩，右侧有天星洲大型淤积体，由上游至下游构成滩脊，主流从右岸上深槽(即周公堤水道的下深槽)向左岸下深槽过渡，在跨越滩脊时水流分散，以致跨河槽位置时上时下，变动频繁。

周天河段自 2001 年开始陆续建设了清淤应急工程、航道整治控导工程、荆江一期工程，三峡工程蓄水后的河床演变也受到这些航道整治工程的影响。2001—2002 年枯季实施周天河段清淤应急工程，对周公堤水道过渡段浅埂进行疏浚，在蛟子渊边滩中上段修建 4 道护滩建筑物。2006 年 12 月至 2008 年 4 月对周天河段实施了航道整治控导工程。在九华寺以下建 5 道丁坝，以限制枯季主流左摆，引导主流走上过渡；在周公堤一带建 2 道丁坝，并对原清淤应急工程中的 1#、2# 护滩建筑物进行加长，以稳定和巩固蛟子渊边滩。已实施的荆江一期工程(2013 年 9 月正式开工)，在颜家台下游张家湾附近修建 1 道潜丁坝；在右岸张家榨一带 4 124 m 岸线进行护岸及加固；对左岸新厂边滩和天星洲左缘进行高滩守护。

2. 河床演变对边坡稳定的影响

周天河段两岸均建有大堤，左岸为荆江大堤，右岸为荆南长江干堤。该段的河道整治工程以护岸工程为主，左岸丁坝群和护底带为航道整治的控导工程。

据记载，明初即开始修筑荆南大堤，其中较大规模的护岸工程出现在 1852 年的郝穴段，并在此修建了郝穴矶头。中华人民共和国成立之后，周天河段护岸工程转入大规模加固和扩建新阶段，特别 1998 年特大洪水后，长江实施了大规模堤防加固工程。至三峡工程蓄水运用前，在护岸、堤防工程及河道内高大洲滩的共同作用下，河道总体河势格局基本稳定下来。周天河段左岸自郝穴至古长堤的岸线基本上都有砌石或抛石护岸；右岸护岸相对较少，只在覃家洲、草房关有零星的砌石护岸(图 7.12)。

由于周天河段平面形态顺直，主流不稳，左右摆动幅度较大，对于主流贴岸的部位坡脚冲刷则易导致崩岸现象，需要进行加强守护。如茅林口一带在 2001 年实施了护岸工程(长度为 1.3 km)，其原因是枯水期主流紧贴茅林口一带，使岸脚冲刷、滩岸崩退，而此处守护石方量较少(图 7.13)。

三峡蓄水后，受清水下泄影响，河床冲刷导致局部河势变化，产生新的险工段，除河道整治工程对河段进行守护外，航道整治工程在该河段虽以控导工程为主，但也根据岸线情况设置了部分护岸工程，如 2006—2008 年实施的控导工程中，右岸张家榨已在干砌块石护岸下游 840 m 范围进行了抛石护脚，以与水利工程相结合，利于张家榨一带岸线的稳定；2015 年，荆江河段(昌门溪—熊家洲)一期航道整治工程中对张家榨一带未护岸线实施守护，并对长 1 344 m 的已护岸线进行加固，对新厂高滩岸线也实施了守护，下端与水利部门已建护岸平顺衔接。近年来，右岸戚家台区域的崩岸，自航道控导工程实施后，九华寺边滩淤积，戚家台近岸冲刷，2014 年后，戚家台区域岸坡大幅冲刷，最大冲深超过 6.0 m。另外，右岸胡汾沟一带水流受工程影响偏向右岸，近岸也有所冲刷。这些部位形成新的险工段，需要加强监测，必要时进行岸线守护。

3. 护岸结构设计思路

根据地质勘察结果，工程区岸坡地质结构主要由黏土和粉细沙组成，抗冲刷能力较强，但由于周天河段河势的特殊性，工程区域均主流贴岸，岸坡崩岸现象严重，条崩、窝崩以及浪坎普遍发育，崩岸导致岸线后退，岸坡普遍形成高 5～8 m 的陡坎，尤其在天星洲段崩岸现象严重。经现场踏勘，在岸线后方的河漫滩上有大量的林木和芦苇。因此，在结构设计中，除考虑结构的稳定性之外，应着重考虑与周边环境的协调性。

(1) 采用系混凝土块软体排进行水下护底，排上抛石压载。

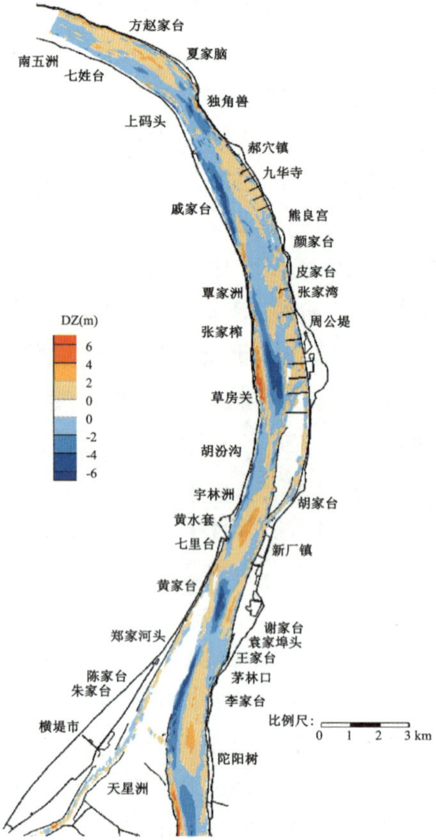

图 7.12　周天河段冲淤变化(2014 年 12 月—2016 年 11 月)

图 7.13　周天河段岸坡崩岸现象

(2) 护岸的关键在于护脚，应根据水下地形的情况以及护岸段发展的趋势，加强护脚，确保稳定。

(3) 根据护底边缘变形的特点，在护底边缘设置备填石，符合动态管理的原则。

(4) 根据岸坡水文、地质情况选择合适的护面结构，充分体现建设环境友好型生态航道的新理念，采用的护面结构兼具生态、美观、适应变形等优点。

4. 护岸结构设计

(1) 张家榨护岸工程

张家榨护岸工程岸线总长 2 780 m，护岸工程主体工程主要包括陆上护坡、枯水平台、水下护底和水下补坡四个部分。枯水平台以上为陆上护坡，枯水平台以下为水下护底。

① 陆上护坡：主要包括岸坡开挖、岸坡回填、排水盲沟、陆上反滤层、护面、截流沟和排水沟等工序。

岸坡开挖：对于陡于 1∶3 的岸坡按 1∶3 削坡，对于缓于 1∶3 的岸坡可按自然坡比削坡。

岸坡回填：护坡局部回填时要求对回填土层夯实，达到原状土的密度。

排水盲沟：在斜坡每隔 10 m 设置由坡顶至脚槽的倒 Y 形排水盲沟。盲沟横断面尺寸为 40 cm×50 cm(宽×深)。

陆上反滤层：坡顶至脚槽前缘间由下至上设置 10 cm 厚黄沙一层和 400 g/m^2 无纺布。

护面：护面采用 23 cm 厚的植生型钢丝网格。

截流沟：坡顶部设有 1.95 m 宽的截流沟，采用浆砌块石结构，并每隔 20 m 设变形缝，内侧浆砌块石与尾部按 1∶2 开挖，与 2 m 宽的密实土平台相连。

排水沟：从护岸头部开始，每隔 100 m 在坡面上布置一条排水沟，底宽为 140 cm，高 90 cm，三面均为厚 45 cm 的浆砌块石，沟深为 45 cm。排水沟顶端与截流沟连通，底端与枯水平台齐平。

② 枯水平台：枯水平台为 35 cm 厚铺石＋5 cm 厚碎石＋10 cm 厚枯水平台护面砖，枯水平台护面砖每隔 20 m 设变形缝；枯水平台内侧下设深 0.5 m、宽度 1.0 m 的脚槽，块石填充。

③ 水下护底：对于岸坡较缓的，先从脚槽开始向河心沉放 D 型排，然后抛石补坡和压载；对于岸坡较陡的，先抛枕补坡镇脚，再沉排并抛石压载。沉排宽度为 100 m，横向设计搭接宽度为 6 m，枯水平台向河心侧 40 m 范围排上抛石厚 1.5 m，排体边缘 20 m 及外侧 10 m 抛石加厚至 2.0 m，其余排上平抛石厚 1.2 m。

④ 水下补坡：岸坡陡于 1∶2.5 但补坡断面不大，先沉 D 型排护底，再按照 1∶2.5 的边坡进行抛石补坡；岸坡陡于 1∶2.5 且补坡断面较大，先按照 1∶2.5 的边坡抛枕补坡镇脚，再沉 D 型排和护底。

结构断面见图 7.14，施工完效果见图 7.15。

(2) 新厂高滩守护工程

新厂高滩守护工程岸线总长 5 626 m，断面号 0＋000～5＋200 间采用斜坡

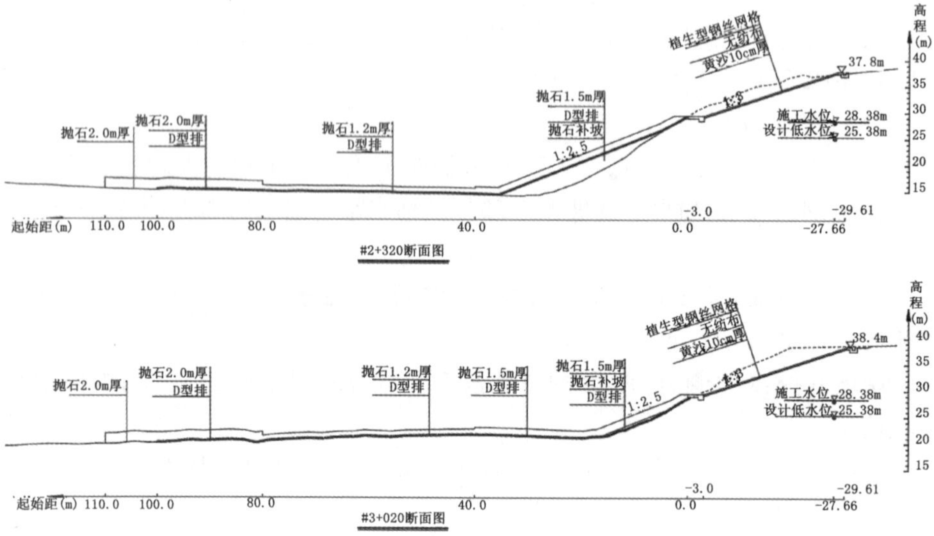

图 7.14　张家榨护岸典型结构断面图

图 7.15　张家榨护岸完工效果图

式护岸结构，断面号 5+200～5+626 间采用混合式护岸结构。高滩守护工程主体工程主要包括陆上护坡、枯水平台、水下护底和水下补坡四个部分。枯水平台以上为陆上护坡，枯水平台以下为水下护底。

- 高滩守护斜坡式段

① 陆上护坡：主要包括岸坡开挖、岸坡回填、排水盲沟、陆上反滤层、护面、截流沟和排水沟等工序。

岸坡开挖：对于陡于 1∶3 的岸坡按 1∶3 削坡，对于缓于 1∶3 的岸坡可按自然坡比削坡。

岸坡回填：护坡局部回填时要求对回填土层夯实，达到原状土的密度。

排水盲沟：在斜坡每隔 10 m 设置由坡顶至脚槽的倒 Y 形排水盲沟。盲沟横断面尺寸为 40 cm×50 cm（宽×深），下铺无纺布，然后充填碎石。

陆上反滤层：断面 0＋000～0＋625 之间坡顶至脚槽前缘间铺设400 g/m^2 无纺布；断面 0＋625～1＋375、断面 2＋225～5＋100 之间坡顶至脚槽前缘间由下至上设置 10 cm 厚黄沙一层和 400 g/m^2 无纺布；断面1＋375～2＋225 之间坡顶至脚槽前缘间由下至上设置 10 cm 厚黄沙一层、无纺布和 10 cm 厚碎石一层。

护面：断面 0＋000～0＋625 之间护面铺石 0.6 m 厚，断面 0＋625～1＋375、断面 2＋225～5＋100 之间护面采用 23 cm 厚的钢丝网格，断面 1＋375～2＋225 之间建有码头和取水口，为此护面采用现浇混凝土，现浇厚度 12 cm。

截流沟：坡顶部设有 1.95 m 宽的截流沟，采用浆砌块石结构，并每隔 20 m 设变形缝，内侧浆砌块石与尾部按 1∶2 开挖，与 2 m 宽的密实土平台相连。

排水沟：从护岸头部开始，每隔 100 m 在坡面上布置一条排水沟，底宽为 140 cm，高 90 cm，三面均为厚 45 cm 的浆砌块石，沟深为 45 cm。排水沟顶端与截流沟连通，底端与枯水平台齐平。

② 枯水平台：枯水平台为 35 cm 厚铺石＋5 cm 厚碎石＋10 cm 厚枯水平台护面砖，枯水平台护面砖每隔 20 m 设变形缝；枯水平台内侧下设深 0.5 m、宽度 1.0 m 的脚槽，块石填充。

③ 水下护底：对于岸坡较缓的，先从脚槽开始向河心沉放 D 型排，然后抛石补坡和压载；对于岸坡较陡的，先抛枕补坡镇脚，再沉排并抛石压载。断面 0＋000～0＋450 间沉排宽度为 100 m，断面 0＋450～1＋250 间、断面 2＋800～5＋200 间沉排宽度为 110 m，断面 1＋250～2＋800 间沉排宽度为 120 m，排体横向设计搭接宽度为 6 m。在断面 0＋000～0＋350 间排上抛石 1 m 厚，断面 0＋350～5＋200 间排边缘 20 m 及排外 10 m 范围抛石 2.0 m 厚，其余排上抛石 1.2 m 厚。

④ 水下补坡：岸坡陡于 1∶2.5 但补坡断面不大，先沉 D 型排护底，再按照 1∶2.5 的边坡进行抛石补坡；岸坡陡于 1∶2.5 且补坡断面较大，先按照 1∶2.5 的边坡抛枕补坡镇脚，再沉 D 型排和护底。

结构断面见图 7.16，施工完效果见图 7.17。

- 高滩守护混合式段

混合式护岸结构范围是断面 5＋200～5＋626，长约 426 m 的护岸。高滩守护工程主体工程主要包括陆上护坡、枯水平台、水下护底和水下补坡四个部分。枯水平台、水下护底和水下补坡结构同斜坡式结构。

① 陆上护坡：主要包括岸坡开挖、岸坡回填、排水盲沟、陆上反滤层、自嵌式挡土墙、护面和截流沟等工序。

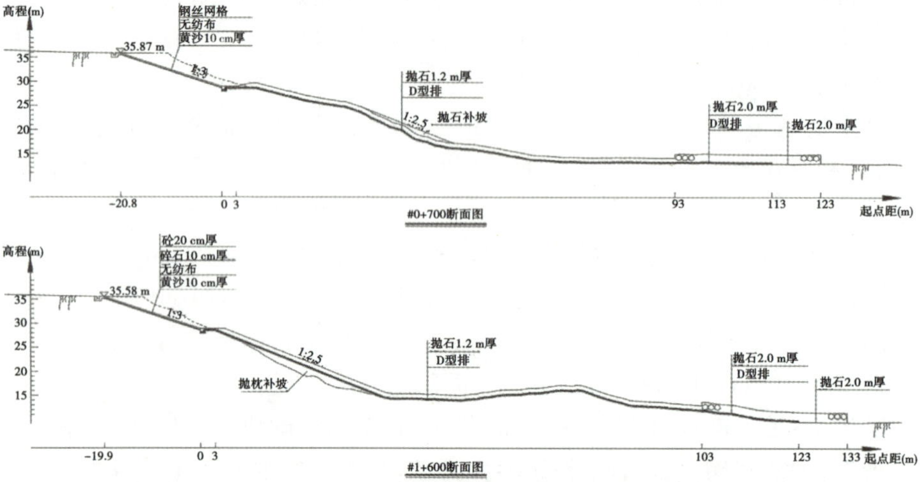

图 7.16　新厂高滩斜坡式护岸典型结构断面图

图 7.17　新厂高滩斜坡式护岸完工效果图

岸坡开挖：对于陡于 1∶3 的岸坡按 1∶3 削坡，对于缓于 1∶3 的岸坡可按自然坡比削坡。

岸坡回填：护坡局部回填时要求对回填土层夯实，达到原状土的密度。

排水盲沟：在坡面每隔 10 m 设置由坡顶至脚槽的倒 Y 形排水盲沟。盲沟横断面尺寸为 40 cm×50 cm(宽×深)，下铺无纺布，然后充填碎石。

陆上反滤层：坡顶至脚槽前缘间由下至上设置 10 cm 厚黄沙一层和 400 g/m^2 无纺布。

自嵌式挡土墙：在断面 5＋250～5＋575 护坡上端设置阶梯形挡土墙，挡土墙分两个阶梯，上面阶梯高 1.6 m，墙顶设 3%的坡度，并采用三维加筋网护面，三维加筋网四周预埋在截流沟、排水沟及挡土墙压顶混凝土块；下层阶梯高 1.43 m，下层顶宽 2 m，采用 23 cm 厚钢丝网格压顶。在断面 5+200～5+250、断面 5+575～5+626 护坡上端设置与阶梯形挡土墙上层相同结构的一层挡土墙。墙体是由自嵌式挡土块、加筋材料和回填土料形成的“墙体”。

挡墙至枯水平台护面：采用 23 cm 厚的钢丝网格护面。

截流沟：坡顶部设有 1.95 m 宽的截流沟，采用浆砌块石结构，并每隔 20 m 设变形缝，内侧浆砌块石与尾部按 1∶2 开挖，与 2 m 宽的密实土平台相连。

② 枯水平台：枯水平台为 35 cm 厚铺石+5 cm 厚碎石+10 cm 厚枯水平台护面砖，枯水平台护面砖每隔 20 m 设变形缝；枯水平台内侧下设深 0.5 m、宽度 1.0 m 的脚槽，块石填充。

③ 水下护底：对于岸坡较缓的，先从脚槽开始向河心沉放 D 型排，然后抛石补坡和压载；对于岸坡较陡的，先抛枕补坡镇脚，再沉排并抛石压载。沉排宽度为 110 m，排体横向设计搭接宽度为 6 m。排边缘 20 m 及排外 10 m 范围抛石 2.0 m 厚，其余排上抛石 1.2 m 厚。

④ 水下补坡：岸坡陡于 1∶2.5 时，先按照 1∶2.5 的边坡抛枕补坡镇脚，再沉 D 型排和护底。

结构断面见图 7.18，施工完效果见图 7.19。

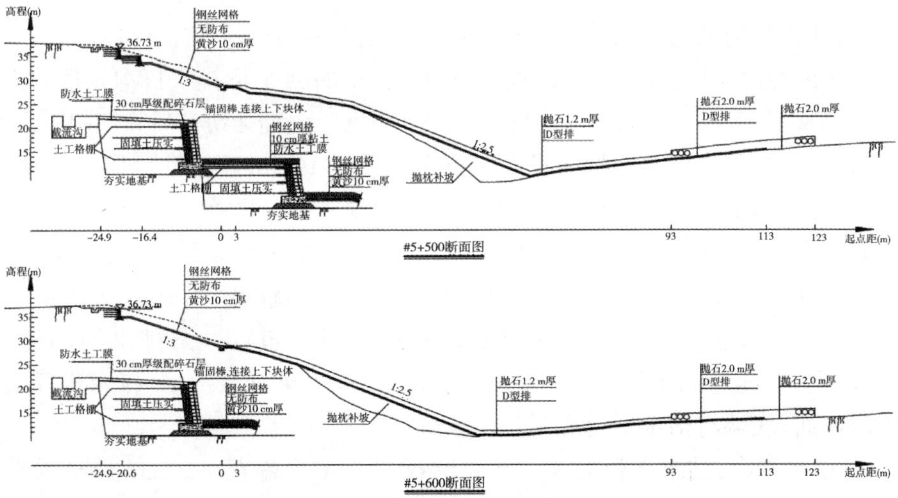

图 7.18　新厂高滩混合式护岸典型结构断面图

(3) 天星洲高滩守护工程

天星洲高滩守护工程岸线总长 2 850 m，护岸结构采用斜坡式护岸结构，根据工程实际地形情况，高滩守护工程主体工程主要包括陆上护坡、枯水平台、水

图 7.19 新厂高滩混合式护岸完工效果图

下护底和水下补坡四个部分。枯水平台脚槽的底高程为 27.60 m，枯水平台以上为陆上护坡，枯水平台以下为水下护底。

① 陆上护坡：主要包括岸坡开挖、岸坡回填、排水盲沟、陆上反滤层、护面、截流沟和排水沟等工序。

岸坡开挖：对于陡于 1∶3 的岸坡按 1∶3 削坡，对于缓于 1∶3 的岸坡可按自然坡比削坡。

岸坡回填：护坡局部回填时要求对回填土层夯实，达到原状土的密度。

排水盲沟：在斜坡每隔 5 m 设置由坡顶至脚槽的倒 Y 形排水盲沟。盲沟横断面尺寸为 80 cm×80 cm×100 cm(深×上底×下底)，先铺无纺布后充填碎石。

陆上反滤层：坡顶至脚槽前缘间由下至上设置 10 cm 厚黄沙一层和排水垫。

护面：护面采用联锁式护坡砖、混凝土六边块和钢丝网格。

截流沟：坡顶部设有 1.95 m 宽的截流沟，采用浆砌块石结构，并每隔 20 m 设变形缝，内侧浆砌块石与尾部按 1∶2 开挖，与 2 m 宽的密实土平台相连。

排水沟：从护岸头部开始，每隔 100 m 在坡面上布置一条排水沟，底宽为 140 cm，高 90 cm，三面均为厚 45 cm 的浆砌块石，沟深为 45 cm。排水沟顶端与截流沟连通，底端与枯水平台齐平。

② 枯水平台：枯水平台为 35 cm 厚铺石＋5 cm 厚碎石＋10 cm 厚枯水平台护面砖，枯水平台护面砖每隔 20 m 设变形缝；枯水平台内侧下设深 0.5 m、宽度 1.0 m 的脚槽，块石填充。

③ 水下护底：对于岸坡较缓的，先从脚槽开始向河心沉放 D 型排，然后抛石补坡和压载；对于岸坡较陡的，先抛枕补坡镇脚，再沉排并抛石压载。枯水平台向河心侧 50 m 范围排上抛石厚 1.5 m，排边缘 20 m 及排外 10 m 范围抛石

2.0 m 厚，其余排上抛石 1.2 m 厚。

④ 水下补坡：断面 1＋000～断面 1＋800 岸坡陡于 1∶2.5 补坡断面不大，水下为抛石补坡，其余岸坡陡于 1∶2.5 时，先按照 1∶2.5 的边坡抛枕补坡镇脚，再沉 D 型排和护底。

结构断面见图 7.20，施工完效果见图 7.21。

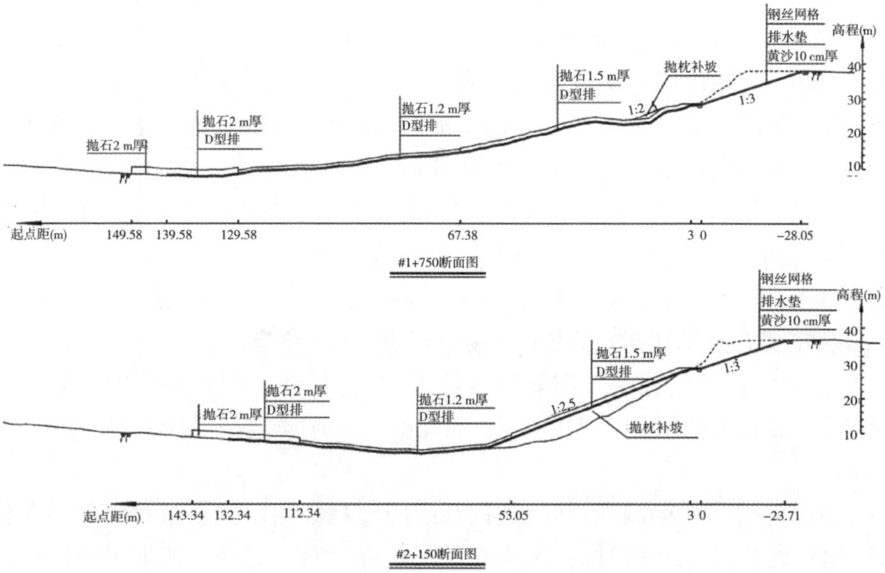

图 7.20　天星洲护岸典型结构断面图

图 7.21　天星洲护岸完工效果图

7.3.2 长江下游江心洲河段护岸工程

1. 河段及工程概况

江心洲河段平面两头窄、中间宽，呈顺直分汊状(图 7.22)。上端东、西梁山之间河宽 1.1 km，自东、西梁山往下河道骤然展宽，中部宽达 8 km，下端人头矶江宽又收缩至 3.8 km。江中有彭兴洲和江心洲将河道分成左、右两汊，其中江心洲长度约 17.5 km，最大宽度约 5.3 km。江心洲左汊为主汊(即江心洲水道)，外形顺直(除出口小黄洲头过渡段外)，长约 25 km，宽约 2 km，有牛屯河、姆下河、太阳河等支流汇入。左汊内主流摆动，两侧滩槽交替变化。右汊为支汊(习称太平府水道)，中部弯曲，长约 26.8 km，宽约 0.6 km，有姑溪河、采石河支流汇入。左汊主航道从东梁山以下沿彭兴洲和江心洲顺直而下，至江心洲过河标逐渐过渡至左岸的东埂，然后沿左岸至小黄洲洲头，经小黄洲洲头从何家洲与小黄洲间下泄过渡到小黄洲右汊，进入马鞍山水道。小黄洲洲头过渡段长约 3 km，从左至右急剧转折，形成上下两个接近 90°的急弯。

目前本河段已实施了三期航道整治工程，包括江心洲—乌江河段航道整治一期工程、江心洲河段航道整治工程、江心洲至乌江河段航道整治二期工程(图 7.22)。

2009 年—2010 年，航道部门抓住江心洲—乌江河段演变过程中航道条件较好、滩槽形态优良的有利时机，实施完成了重点针对江心洲河段航道整治的江心洲—乌江河段航道整治一期工程，针对近期河段内彭兴洲头和江心洲头及左缘岸坡不断崩退、江心洲左边滩牛屯河边滩稳定性相对较差、易被切割冲蚀等问题，通过工程措施，稳定了洲滩和岸坡。

2012 年国家发展和改革委员会的发改基础〔2012〕1526 号文已将本河段整治列入了“十二五”长江干线航道建设方案重点项目。2014 年 12 月，交通运输部交规划函〔2014〕994 号文《关于长江下游江心洲河段航道整治工程可行性研究报告的批复》，同意实施江心洲河段航道整治工程。在一期工程的基础上，2016 年实施了江心洲河段航道整治工程，通过江心洲水道整治工程的实施，稳定关键洲滩，稳定相对较好的滩槽格局，防止航道条件向不利方向发展。航道整治工程建设内容为上何家洲 3 条护底带工程、上何家洲护岸工程(长 1 700 m)、江心洲心滩护岸工程(长 4 270 m)、彭兴洲—江心洲左缘护岸加固工程和太阳河口护岸加固工程(长 3 100 m)。工程于 2016 年 1 月开工，2017 年 5 月完工，2019 年 3 月竣工。

由于江心洲—乌江河段洲滩冲淤变化频繁，航道边界条件不稳，且汊道分流格局变化不利于主航道航道条件保持长期稳定，因此，为巩固加强已建工程效果，守护关键洲滩、稳定汊道分流格局，塑造稳定的航道边界，“十三五”期间规划实施江心洲—乌江河段航道整治二期工程。建设内容包括上何家洲护底带加高工程、江心洲心滩滩头守护工程、下何家洲高滩守护工程以及小黄洲洲头过渡段疏浚工程。工程于 2019 年 12 月开工建设，目前尚未完工。

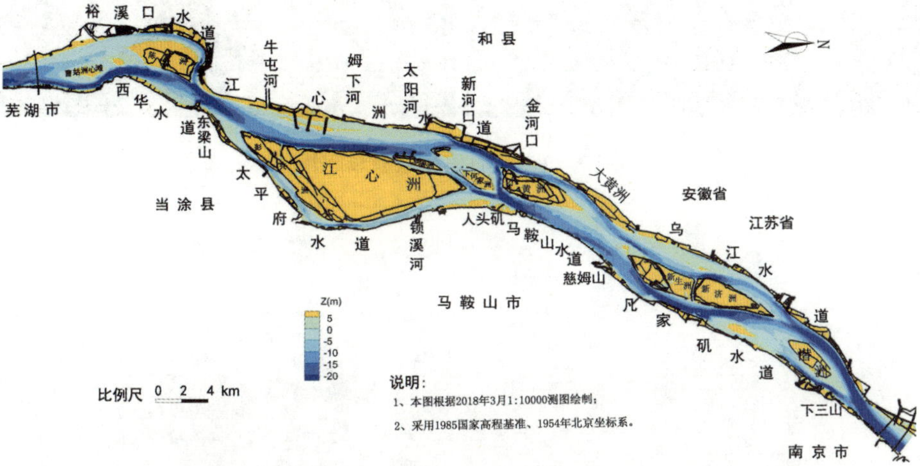

图 7.22　江心洲—乌江河段河势图(2018 年 3 月)

2. 河床演变对边坡稳定的影响

江心洲河段左岸沿江筑有和县江堤(2 级堤防)，右岸沿江筑有芜当江堤(2 级堤防)、马鞍山江堤(2 级堤防)，河道内彭兴洲、江心洲、小黄洲等洲体也都筑有堤防。在水利部门和航道部门多年来的治理下，河段总体河势基本稳定，但局部段河势仍然处于变化调整之中，其中心滩冲刷下移，上何家洲头及左缘冲刷后退、下何家洲头冲刷下移，彭兴洲头—江心洲左缘大桥下冲刷后退，江心洲尾有一定的冲刷崩退，小黄洲左汊分流比仍在继续增加等，均给本河段的岸坡稳定带来了较大的影响。

近年来，江心洲左汊上段河槽冲刷右摆，岸坡变陡，深槽临岸，导致江心洲左缘在已实施了守护工程的情况下，再次发生较为强烈的崩岸(图 7.23)。心滩位于主流顶冲区，整体冲刷下移，且心滩头部下移较快，使主流顶冲点进一步下移，局部有窝崩现象(图 7.24)。太阳河—金河口为已建护岸段，2016 年之前，受牛屯河边滩淤积下延、过渡段顶冲点下移影响，该段近岸河槽冲刷，岸坡变陡，部分已建护岸工程岸坡发生崩坍，2016 年后江心洲河段航道整治工程对太阳河口至新河口附近实施了护岸加固工程，在原有护岸和护岸加固工程的作用下，该段岸线目前较为稳定。

3. 护岸结构设计思路

在分析工程河段已建护岸工程崩岸原因，以及总结已有护岸工程经验的基础上，提出相应的解决措施，同时结合本工程的水文、地质条件，以及河床演变特

图 7.23　江心洲左缘崩岸照片

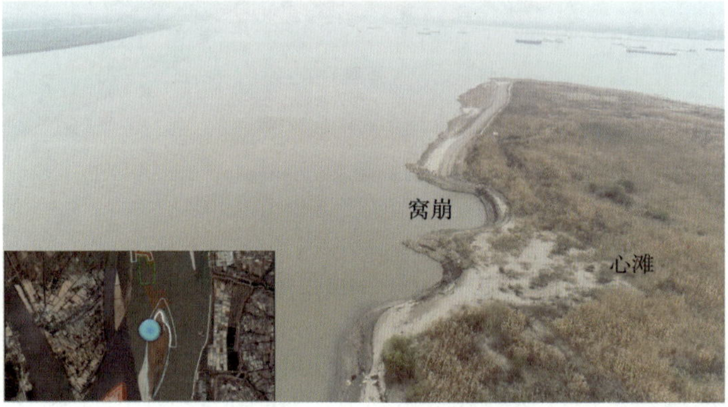

图 7.24　心滩右缘岸坡图片

点，确定结构设计原则，并选择适应本河段特点的护岸及护岸加固的结构型式。

（1）根据地形，增加对水下浅点、矶头等水下挖方处理。

（2）为保证岸坡稳定，调整江心洲心滩护岸工程水下补坡坡度，由原设计 1∶3 调整为 1∶5；增加了左缘排体边缘防冲石厚度，由原设计 1.5 m 增至 2 m。

（3）地质勘查资料显示工程局部区域存在淤泥质粉质黏土，退水时，岸坡易出现渗流等现象，同时从江心洲—乌江河段航道整治工程效果来看，大部分崩岸出现在退水期，说明岸坡内外存在水压力差，需要加强排水措施。为此，加密、加大盲沟尺寸，以及打水平排水管的措施，来解决渗流等对工程施工和工程整体稳定的影响。

（4）排水垫是一种具有极好的分离、排水、过滤以及加固功能的新型土工材料。结构比较稳定，具有较高的抗压屈服强度，有较大的通水量，其作为排水通道可代替传统沙石反滤层，与传统反滤层相比由于质量轻、运输方便、施工便捷、施工质量易控制等特点，为此将 400 g/m^2 无纺布优化为三维排水垫。

4. 护岸结构设计

（1）江心洲心滩护岸工程

护岸总长 1 525 m，其中两端各设 100 m 衔接段。护岸结构采用斜坡式的护岸型式，由坡上防护带、陆上护坡、枯水平台、水下护底四个部分组成。枯水平台以上为陆上护坡，坡上设 25 m 宽防护带，枯水平台以下为水下护底。

①陆上护坡：主要包括岸坡开挖、岸坡回填、排水盲沟、陆上反滤层、护面、截流沟和排水明沟等工序。

岸坡开挖：岸坡缓于 1∶3 时，按自然坡比削坡；岸坡陡于 1∶3 时，按 1∶3 削坡。

岸坡回填：护坡局部需要先回填，要求回填土分层夯实，达到原状土的密度。将岸坡开挖和回填后多余的弃土，堆放在坡顶后方临时征地区域，堆放平整后并推平，堆高不高于 2 m。

排水盲沟：坡面每隔 5 m 由坡顶至脚槽设置倒 Y 形排水盲沟，盲沟横断面尺寸为 100 cm×80 cm×80 cm(上底×下底×深)，下铺无纺布，然后充填块石。

陆上反滤层：坡顶至脚槽前缘间由下至上设置 10 cm 厚黄沙一层和三维排水垫。

护面：采用厚 23 cm 的钢丝网格。

截流沟：坡顶部设有 1.95 m 宽的截流沟，采用浆砌块石结构，并每隔 20 m 设变形缝，内侧浆砌块石与尾部按 1∶2 开挖，与 2 m 宽的密实土平台相连。

排水明沟：在坡面每隔 100 m 设一条排水沟。排水沟顶端与截流沟连通，底端与枯水平台齐平。

排水管：0＋000～0＋200 以及 0＋600～1＋1525 段枯水平台以上 0.5 m(高程 4.31 m)位置，每隔间距 10 m 设置水平排水管。

② 坡上防护带：江心洲心滩护岸工程在洪水期处于淹没状态，根据物理模型试验成果，坡上有一定幅度冲刷，为防止坡顶破坏影响护岸工程稳定，在坡顶设计 25 m 宽防护带，防护带采用三维加筋垫。

③ 枯水平台：枯水平台为铺石结构，宽 3 m，厚 1 m。

④ 水下护底：护底采用 D 型排(双加筋条)，护底排边缘延伸至水下岸坡的缓坡部位，宽度在 113～390 m，排上满抛石 1.2 m 厚，在护底排体边缘设40 m 宽(20 m 排上，20 m 排外)的防冲石，0＋000～0＋325 段抛石厚 1.5 m，其余厚 2.0 m；排体搭接处是结构薄弱处，边缘较大变形导致排体搭接处出现破坏，根据模型试验成果，其中 0＋565～1＋525 段边缘可能会出现较大的冲刷坑，将该段护底排体分两段沉放，其中河道侧横向设计搭接按 10 m 控制，滩侧横向搭接按 5 m 控制，两段排体之间纵向搭接按 10 m 控制。

结构断面见图 7.25，施工完效果见图 7.26。

(2) 上何家洲护岸工程

护岸总长 1 700 m，其中右缘下游端设 100 m 衔接段、左缘下游端设 100 m 衔接段，采用斜坡式的护岸型式。主体工程由枯水平台、陆上护坡和水下护底三

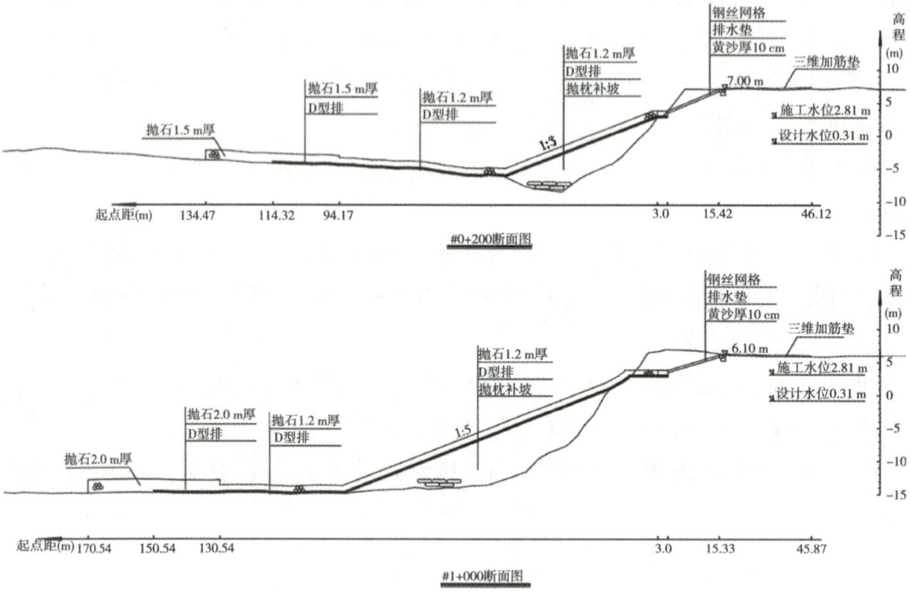

图 7.25　心滩护岸典型结构断面图

图 7.26　心滩护岸完工效果图

个部分组成。

① 陆上护坡：主要包括岸坡开挖、岸坡回填、排水盲沟、陆上反滤层、护面、截流沟、里程桩和排水明沟等工序。

岸坡开挖：岸坡缓于 1∶3 时，按自然坡比削坡；岸坡陡于 1∶3 时，按 1∶3 削坡。

岸坡回填:护坡局部需要先回填,要求回填土分层夯实,达到原状土的密度。

排水盲沟:坡面每隔 5 m 由坡顶至脚槽设置倒 Y 形排水盲沟,盲沟横断面尺寸为 100 cm×80 cm×80 cm(上底×下底×深),下铺无纺布,然后充填块石。

陆上反滤层:坡顶至枯水平台内缘间由下至上设置 10 cm 厚黄沙一层和三维排水垫,三维排水垫压在截流沟和枯水平台下。

护面:采用厚 23 cm 的钢丝网格。

截流沟:坡顶部设有 1.95 m 宽的截流沟,采用浆砌块石结构,并每隔 20 m 设变形缝,内侧浆砌块石与尾部按 1∶2 开挖,与 2 m 宽的密实土平台相连。

排水明沟:在坡面每隔 100 m 设一条排水沟。排水沟顶端与截流沟连通,底端与枯水平台齐平。

② 枯水平台:枯水平台为铺石结构,宽 3 m,厚 1 m。

③ 水下护底:0+000～0+200 间自枯水平台向河心 60～130 m 水平距离沉 D 型排,0+200～1+700 间自枯水平台向河心 130 m 水平距离沉 D 型排,当水下地形陡于 1∶3 的部位按照 1∶3 的边坡先进行抛枕补坡再沉排。排上抛石 1.0 m 厚,排体边缘内 15 m～外 5 m 范围,抛石 1.5 m 厚,与 SHH♯1 护滩带衔接处至 0+000 排体边缘加厚至 2.0 m。

结构断面见图 7.27,施工完效果见图 7.28。

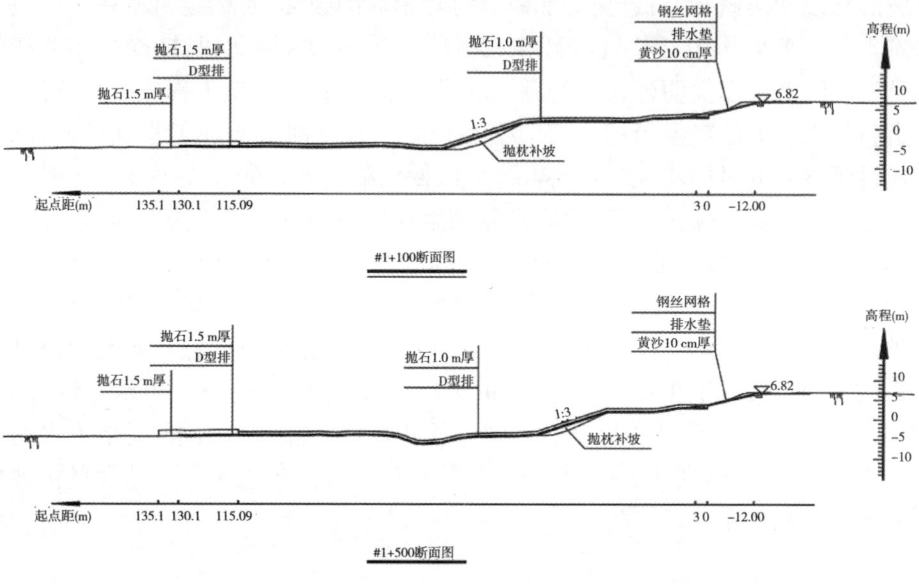

图 7.27 上何家洲护岸典型结构断面图

图 7.28　上何家洲护岸完工效果图

7.4　护岸工程展望

7.4.1　生态护岸定义

护岸工程是对原有天然岸坡采用加固的措施，用以减少河道水流、船行波对岸坡的冲蚀和淘刷，亦可避免船舶停靠时对岸坡的破坏，对稳定河道和航道边界起着十分重要的作用，同时也可以减少两岸水土流失，因此，长期受到相关部门的重视。随着生态文明建设上升到国家发展战略高度，护岸工程成为河道治理、航道整治中重要的考量指标。目前生态护岸工程是河道治理工程、航道整治工程建设领域研究最广泛、实践结构最多样、使用频率最高的建设手段。

生态护岸是以保护、创造生物良好的生存环境和自然景观为前提，在保证护岸具有一定强度、安全性和耐久性的同时，兼顾工程的环境效应和生物效应，将护岸结构由过去的硬质结构改造成为自然河岸或具有自然河岸“可渗透性”的人工护岸，以达到水体和土体、水和生物相互涵养，适合生命栖息和繁殖的仿自然状态的护岸。较传统护岸，生态护岸重点是在坡面能形成一种“可渗透性”的界面，丰水期，河水向堤岸外的地下水层渗透储存，缓解洪灾；枯水期，地下水通过堤岸反渗入河，起着滞洪补枯，调节水位的作用；另外，生态护岸上的大量植被也有涵养水分的作用。

7.4.2　长江生态护岸应用现状评价

现阶段，我国关于生态护岸的建设比较注重生态护岸的实用性、亲水性和景观效果等，对水流的多样性、水域生命栖息区的水生态环境等尚未引起足够重视。对于长江来说，由于长江流速和流量较大，水位季节性变幅也很大，这种复杂水流条件下的生态护坡建设难度大大增加，现有河道治理和航道整治工程中所采用的基本都是植物护岸与工程措施相结合的综合型生态岸坡技术，如土工材料复合种植基护坡、生态石笼护坡、植被型生态混凝土护坡、生态袋护坡、多孔结构护坡等，这些生态结构其垂向尺度和平面尺度相比可以忽略，可统称为二维平面结构，相比传统的混凝土护坡及浆砌、干砌块石护坡，新型材料的坡面更适合植被生长，同时也起到了固土护坡的作用。然而经过一个洪水期后，洪水线以下部分二维平面结构面层铺设的基质土基本上全部被冲走，大部分已成活的草也被洪水冲刷带走，使得长江航道生态护坡建设受到限制，同时二维平面结构没有很好地形成水—土之间的物质和能力循环的通道，水流结构也单一，对生态环境和景观还是造成了一定的胁迫，即“土—植物—生物”之间的物质和能量循环不通畅。因此，目前应用的二维平面结构技术手段还较为不完善(图 7.29)。

图 7.29　二维平面护坡生态效果图

7.4.3　具有三维特性的生态结构

1. 青黄线现象

根据长江中游荆江河段不同位置生态护岸工程调查，由于受水流淹没、水流冲刷、波浪淘刷等影响及植被对生长环境的要求(耐淹性)，岸坡植被分布特征基本相同，岸坡上均存在一条显而易见的青黄线，见图 7.30 中的虚线所示。以青黄线为界，岸坡区可以划分为青绿带和青黄带：在青黄线以上至坡顶区域称为青绿带，整个区域种植的狗牙根存活率高、长势良好、颜色青绿，狗牙根群落也比较完整，覆盖度可达 80%；青黄线以下至枯水平台区域称为青黄带，狗牙根长时间淹没，存活率相对较低、植物群落相对稀疏、植被颜色青黄，覆盖度不到 50%。通过现场踏勘调查，在青黄带区域内接近青黄线位置存在明显的植被稀疏带甚至是零星植被区，植被稀疏带大部分区域露出岸坡结构，表层覆盖的耕植土基本流失(图 7.30)。

图 7.30　青黄线现象

2. 生态护岸断面设计原则

笔者统计分析了护岸工程区域青黄线与水位的对应关系，确定岸坡上青黄带位置，提出了施工水位、青黄线对应的高程作为生态护岸断面设计控制高程，并提出今后长江生态护岸结构断面设计原则。

(1) 青绿带

青绿带，即青黄线以上至坡顶区域，可根据实际河岸带地形采用弱结构（防止水土流失）＋种植较耐淹植被或直接种植较耐淹植被构建一定宽度的由水位变动区向高滩植被区过渡的生态缓冲带。

(2) 青黄带

青黄带，即枯水平台至青黄线间区域，其位于水位变动区。青黄带守护工程主要是为了抵制河道水流和船行波作用的侵蚀，因此，可以采用抗冲保土生态结构（强结构）＋种植耐淹植被构建水流结构多样水陆微生物过渡带。

(3) 水下过渡区

枯水平台以下至最低通航水位间区域，简称水下过渡区，采用净水箱护岸砌块、水下鱼槽砖、箱体与插板组合型等水下透空箱式生态结构构建水生物浅水活动带。

3. 三维特性结构的设想

针对上述二维平面结构存在的问题，在满足河道治理和航道整治工程护坡、护滩（底）功能的需求，笔者提出了基于能够形成不同尺度的涡流的三维空腔结构。该结构不仅增加河床糙率，减缓了近结构区水流流速及消减波浪波能，起到保沙促淤的作用，同时，较大的透空率为水流与河床之间的物质交换提供了更广的通道，在结构内部及近结构区形成的局部涡流结构为水流与河床之间的物质交换提供了动力，从而为底栖生物、植被等提供良好的生活环境（图 7.31）。

这种结构主要利用在结构顶部附近水域形成的紊流来加强结构内部与结构外部之间的水体交换：① 通过构建顶部加糙结构，在结构顶部附近水域形成较大

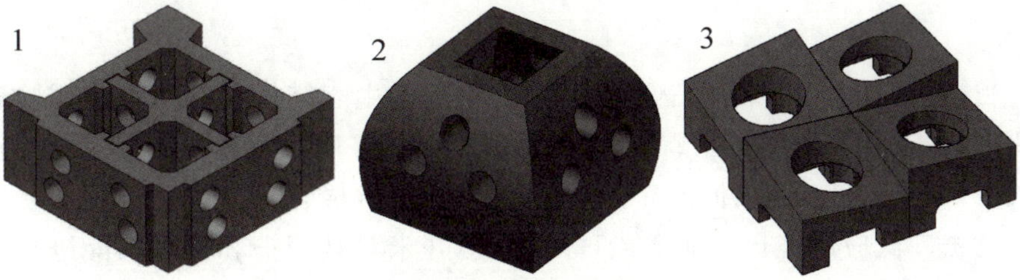

图 7.31　三维空间生态结构

尺度的涡流结构，从而加强结构顶部附近水域与远结构之间的水体交换；② 设计的三维透空结构可以在结构内部形成较小尺度的涡流结构，进而加强结构内部与结构顶部附近水域之间的水体交换。通过各个水体的交换来达到增加河床、岸坡的抗冲性和保沙(土)性，以及增加近结构附近区域水流结构的多样性。

由于三维空腔结构能够增加河床、岸坡的抗冲性和保沙(土)性，在结构设计上就可以弱化反滤结构设计而增大水体与河床直接接触度，进而不影响水体与河床之间的物质交换，也能够较好地保持工程区域原有的生态环境。

7.4.4　三维特性结构应用案例

图 7.32 所示中第一种构件——立体网状结构，成果应用在长江南京以下 12.5 深水航道二期工程的口岸直水道鳗鱼沙右槽右岸护岸工程设计和施工中。

工程实施前，立体网状护坡区域为持续冲刷区域，且为毫无植被的光秃泥面，芦苇和狗牙根无法生长。工程实施后，经过一个洪水期和 2017 年多次台风，立体网状护坡稳定，立体网状结构下未发现冲刷和淘空的迹象。立体网状构件内整体落淤。绿化后，原来光秃泥面已有芦苇和狗牙根长出，说明立体网状结构可以减缓近岸岸坡水流流速及消减波浪波能，阻止岸坡上营养土被水流冲蚀，有较好的促淤保土性能，植被生长的高程已往青黄线(带)高程以下有了一定的延伸，达到了预期效果。

图 7.32　立体网状结构应用情况

7.4.5 展望

目前，笔者对设计出的三种具有三维特性的生态结构进行了水槽试验和数模研究，从工程应用实例来看，基本可以判断三维空腔结构较二维生态结构护坡效果要好。但是由于三维空腔结构形式多种多样，尽管目前许多不同形状护坡块体已被广泛应用在长江航道治理之中，但并未对其守护和生态功能进行系统以及定量的研究。因此，今后工作应该对三维空腔结构形状进行标准化，系统研究三维空腔结构的水动力学性能，找出其流场分布特征和守护机理，分析得出三维空间尺度相关关系式，可以直接为生态护坡的设计和布设提供科学指导。

第八章

结论

本书研究利用现场踏勘、实测资料分析、河演分析、理论分析以及水槽试验等手段，重点对新水沙条件下的长江中下游河道冲淤及分布规律、泥沙调控下岸坡失稳，泥沙因子对河道冲淤、河势调整及岸坡稳定的作用机理，泥沙调控下长江中下游河道整治工程及防洪工程对河道冲淤、河势调整及岸坡变化的响应等进行了研究，得出以下结论：

(1) 研究表明，新水沙条件下崩岸的范围和强度有所加大，已护和未护岸线均有崩岸现象发生；中游崩岸多发生时间主要在退水期，下游则多发生在洪水或退水期，部位主要在弯道及顶冲段。

(2) 研究表明，随着三峡坝下游来沙量大幅减少，中下游河段出现河床显著冲刷、边滩与心滩普遍冲刷，部分河段主流大幅摆动。中游急弯河段(调关、荆江门、七弓岭弯道等)出现撇弯，汊道段洲头普遍冲刷，弯道段的入弯水流摆幅及顶冲点洪枯变幅因流量变幅减小而有所减小，同时凸岸边滩将持续蓄水初期的上冲下淤趋势；而下游河段弯道等局部特性与中游不受潮汐河段的冲淤存在一定的差异，仍呈现凹冲凸淤的趋势，且受潮汐影响，涨落潮量随上游径流变化的程度逐渐降低，吴淞口以下受径流影响很小。

(3) 利用新型 MEMS 微电机系统柔性热膜式壁面切应力传感器精细测量了概化天然弯道水槽壁面切应力，并对 MEMS 实测概化天然弯道壁面切应力横向、纵向分布规律，弯道凹岸壁面平均切应力以及弯道凸岸壁面平均切应力与流量、水深、坡角、断面中心角之间的关系进行了分析，并根据试验实测数据总结了弯道断面切应力极值点高程算法，并对壁面切应力公式进行了修正。

(4) 本次水槽试验重点研究了沙量因子变化与河床冲淤、水量因子变化与河床冲淤以及水沙因子变化与河床冲淤的关系，建立了冲刷强度与水沙单因子、复合因子的关系。

(5) 对护岸工程的设计经验进行总结，提出加强岸坡水下护底、加强岸坡排水、合理安排岸坡施工顺序等经验，并对生态护坡提出展望，今后应加强对三维空腔结构标准化以及水动力、生态效应的研究。

参考文献

[1] BAXTER R M. Environmental effects of dams and impoundments[J]. Annual Review of Ecology and Systematics，1977:255-283.

[2] WILLIAMS G P，WOLMAN M G. The downstream effects of dams on alluvial rivers [R]. Washington：US Government Printing Office，1984.

[3] GILVEAR D J. Patterns of channel adjustment to impoundment of the upper River Spey，Scotland（1942—2000）[J]. River Research and Applications，2004，20(2)：151-165.

[4] GRAF W L. Downstream hydrologic and geomorphic effects of large dams on American rivers[J]. Geomorphology，2006,79(3):336-360.

[5] GRANT G E，SCHMIDT J C，LEWIS S L. A geological framework for interpreting downstream effects of dams on rivers[J]. A peculiar river，2003(1):203-219.

[6] PHILLIPS J D，SLATTERY M C，MUSSELMAN Z A. Channel adjustments of the lower Trinity River，Texas，downstream of Livingston Dam[J]. Earth Surface Processes and Landforms，2005,30(11):1419-1439.

[7] TOWNSEND G H. Impact of the Bennett Dam on the Peace-Athabasca delta. [J]. Journal of the Fisheries Research Board of Canada，1975,32(1):171-176.

[8] YUEN WH K. A study of boundary shear stress，flow resistance and momentum transfer in open channels with simple and trapezoidal cross section[D]. Birminghan,UK：Birminghan University，1989.

[9] LEOPOLD A，WOLMAN M G，MILLER J P. Fluvial Process in Geomorphology[J]. Geographical Journal，1965，131 (1)：1-6.

[10] WOLMAN M G. Fluvial Geomorphology[J]. Science，1974，184 (4140)：977-978.

[11] THORNE C R,OSMAN A M. Riverbank Stability Analysis. II：Applications[J]. Journal of Hydraulic Engineering，1988，114 (2)：151-172.

[12] DARBY S E，THORNE C R. Development and Testing of Riverbank－Stability Analysis[J]. Journal of Hydraulic Engineering，1996，122 (8)：443-454.

[13] 戴会超,何文社,袁杰,等. 葛洲坝水利枢纽运行后泥沙冲淤变化分析[J]. 水科学进展，2005,16(5):691-695.